Quantitative Methoden

Übungsaufgaben, Formelsammlung

Band 2: Analysis

Prof. Dr. Martin T. Schulz

Die Deutsche Nationalbibliothek verzeichnet diese Publikation in der Deutschen Nationalbibliographie; detaillierte bibliographische Daten sind im Internet unter http://dnb.d-nb.de abrufbar.

Prof. Dr. Martin T. Schulz ist Professor für Quantitative Methoden und Finanzierung an der Hochschule Aschaffenburg.

Herstellung und Verlag:
BoD – Books on Demand, Norderstedt
ISBN 978-3-7528-2892-4

Vorwort

Das vorliegende Skriptum richtet sich an Teilnehmer meiner
Grundlagenveranstaltung "Quantitative Methoden" an der
Hochschule Aschaffenburg. Es hat sich zum Ziel gesetzt, die
wesentlichen Vorlesungsinhalte zusammenzufassen und den
Studierenden über die Veranstaltung hinausgehende
Übungsmöglichkeiten anzubieten. Das Buch ersetzt in keiner Weise
den Besuch der Vorlesung oder die Lektüre weiterer Lehr- und
Übungsbücher, sondern soll die Leser insbesondere in ihrer
Prüfungsvorbereitung unterstützen.

Um die Veranstaltung mit dem angestrebten Erfolg abschließen zu
können, sollten Leserinnen und Leser unbedingt den Hinweis
beachten, dass die im Literaturverzeichnis aufgeführten Quellen die
in der Vorlesung behandelten Inhalte nicht nur wesentlich
gründlicher und umfassender aufbereiten, sondern darüber hinaus
auch eine ganze Reihe weiterer Übungsaufgaben zur Verfügung
stellen. Hier ähnelt das Erlernen von Mathematik dem Autofahren:
Man lernt es nicht durch bloßes Zusehen, sondern nur durch
aktives und konsequentes Üben und Anwenden.

Aus zahlreichen Gesprächen mit ehemaligen Studierenden habe ich
den Eindruck gewonnen, dass der Wunsch nach einer einfachen und
verständlichen "Mathe-Sprache" gegenüber formal wasserdichten und
allgemeingültigen Formulierungen überwiegt. Dieses Anliegen habe
ich (zugegebenermaßen etwas zähneknirschend) zur Kenntnis ge-
nommen und die einzelnen Inhalte manchmal vereinfachend, manchmal auch verkürzend dargestellt, wohlwissend dass sie einer strengen
mathematischen Prüfung nur bedingt standhalten. Aus Gründen der
Übersichtlichkeit verzichtet das Skriptum zudem auf die Angabe ein-
zelner Quellen: Die in den ersten Unterkapiteln enthaltenen theoreti-
schen Inhalte finden Sie schließlich in jedem (besseren) Lehrbuch zur
Analysis und die daran anschließenden Übungsaufgaben sind durch-
wegs den im Literaturverzeichnis aufgeführten Quellen entnommen
bzw. in Anlehnung daran entstanden.

Ich habe mich zwar um größtmögliche Sorgfalt bemüht (und bin
für alle noch enthaltenen Fehler allein verantwortlich), kann aber

nicht ausschließen, dass ich die ein oder andere Unzulänglichkeit beim Korrekturlesen des Bandes übersehen habe. Sollte dies der Fall sein, bitte ich Sie, sich mit mir in Verbindung zu setzen.

Abschließend wünsche ich allen Lesern viel Spaß beim Arbeiten mit diesem Skriptum und insbesondere eine erfolgreiche Prüfungsteilnahme!

Aschaffenburg, im September 2018

Prof. Dr. Martin T. Schulz

Inhaltsverzeichnis

1 Grundlagen

Man lernt Mathematik nicht, man gewöhnt sich nur daran!

Paul Erdös, ungarischer Mathematik, 1913 - 1996

1.1 Das Wichtigste in aller Kürze

Im vorliegenden ersten Kapitel der Vorlesung beschäftigen wir uns mit grundlegenden Zusammenhängen der Mathematik, die Sie vermutlich (bzw. hoffentlich) alle schon kennen und die Ihnen aus Ihrer Schulzeit bekannt sein dürften. Wir thematisieren den Aufbau der Zahlenbereiche, gehen auf die Grundrechenarten ein und setzen uns mit elementaren Rechenregeln auseinander. Besonders wichtig sind in diesem Zusammenhang:

1. Regeln für Addition und Subtraktion:
   - Verknüpfung zweier gleicher Zeichen ergibt "+"
   - Verknüpfung zweier ungleicher Zeichen ergibt "−"
   - Überflüssige "+"-Zeichen werden in der Regel weggelassen

2. Regeln für Multiplikation und Division:
   - $- \cdot - = + \cdot + = +$ bzw. $-/- = +/+ = +$
   - $- \cdot + = + \cdot - = -$ bzw. $-/+ = +/- = -$

3. Assoziativgesetz: $(a+b)+c = a+(b+c)$ bzw. $(a \cdot b) \cdot c = a \cdot (b \cdot c)$

4. Kommutativgesetz: $a + b = b + a$ bzw. $a \cdot b = b \cdot a$

5. Distributivgesetz: $a \cdot (b + c) = a \cdot b + a \cdot c$

6. Grundsatz: Klammer vor Punkt vor Strich!

7. Binomische Formeln:

a) $(a + b)^2 = a^2 + 2ab + b^2$

b) $(a - b)^2 = a^2 - 2ab + b^2$

c) $(a - b)(a + b) = a^2 - b^2$

8. Rechenregeln zum Bruchrechnen:

a) Addition ("Hauptnenner bilden!"):

$$\frac{a_1}{b_1} + \frac{a_2}{b_2} = \frac{a_1 b_2 + a_2 b_1}{b_1 b_2}$$

b) Subtraktion ("Hauptnenner bilden!"):

$$\frac{a_1}{b_1} - \frac{a_2}{b_2} = \frac{a_1 b_2 - a_2 b_1}{b_1 b_2}$$

c) Multiplikation ("Zähler mal Zähler, Nenner mal Nenner!"):

$$\frac{a_1}{b_1} \cdot \frac{a_2}{b_2} = \frac{a_1 \cdot a_2}{b_1 \cdot b_2}$$

d) Division ("Multiplikation mit dem Kehrbruch!"):

$$\frac{a_1}{b_1} \div \frac{a_2}{b_2} = \frac{a_1}{b_1} \cdot \frac{b_2}{a_2} = \frac{a_1 b_2}{b_1 a_2}$$

9. Potenzrechnen:

a) Definition: $a^n = \underbrace{a \cdot a \cdot \ldots \cdot a}_{\text{n-mal}}$ bzw. $a^{-n} = \underbrace{\frac{1}{a \cdot a \cdot \ldots \cdot a}}_{\text{n-mal}} = \frac{1}{a^n}$

b) Rechenregeln:

   i. $a^n \cdot a^m = a^{n+m}$

   ii. $\frac{a^n}{a^m} = a^{n-m}$

   iii. $a^n \cdot b^n = (ab)^n$

   iv. $\frac{a^n}{b^n} = \left(\frac{a}{b}\right)^n$

   v. $(a^n)^m = a^{n \cdot m}$

10. Radizieren (Wurzelrechnen):

a) Definition:

$$x^n = a \qquad \leftrightarrow \qquad x = \sqrt[n]{a} = a^{\frac{1}{n}}$$

b) Rechenregeln:

  i. $\sqrt[1]{a} = a^1 = a$

  ii. $\sqrt[m]{a^n} = (a^n)^{\frac{1}{m}} = a^{\frac{n}{m}}$

  iii. $\sqrt[m]{a} \cdot \sqrt[n]{a} = a^{\frac{1}{m} + \frac{1}{n}} = a^{\frac{n+m}{mn}} = \sqrt[nm]{a^{n+m}}$

  iv. $\sqrt[m]{\sqrt[n]{a}} = \left(a^{\frac{1}{n}}\right)^{1/m} = a^{\frac{1}{mn}} = \sqrt[mn]{a}$

  v. $\sqrt[n]{a} \cdot \sqrt[n]{b} = a^{\frac{1}{n}} \cdot b^{\frac{1}{n}} = (ab)^{\frac{1}{n}} = \sqrt[n]{ab}$

11. Logarithmus:

 a) Definition:

$$a^x = b \qquad \leftrightarrow \qquad x = \log_a b$$

 b) Spezialfälle:

  i. Dekadischer Logarithmus: $\log_{10} b = \lg b$

  ii. Natürlicher Logarithmus: $\log_e b = \ln b$

  iii. Dualer Logarithmus: $\log_2 b = \mathrm{ld} b$

 c) Rechenregeln:

  i. $\log_a(b \cdot c) = \log_a b + \log_a c$

  ii. $\log_a \left(\frac{b}{c}\right) = \log_a b - \log_a c$

  iii. $\log_a (b^c) = c \cdot \log_a b$

  iv. $\log_a b = \frac{\log_c b}{\log_c a}$ für $c \in \{2, 10, e\}$

12. Summenzeichen:

 a) Definition:

$$a + a_2 + \dots + a_n = \sum_{i=1}^{n} a_i$$

 b) Rechenregeln:

  i. $\sum_{i=m}^{n} c \cdot a_i = c \cdot \sum_{i=m}^{n} a_i$

  ii. $\sum_{i=m}^{n}(a_i \pm b_i) = \sum_{i=m}^{n} a_i \pm \sum_{i=m}^{n} b_i$

  iii. $\sum_{i=m}^{n} (c \cdot a_i \pm d \cdot b_i) = c \cdot \sum_{i=m}^{n} a_i \pm d \cdot \sum_{i=m}^{n} b_i$

  iv. $\sum_{i=m}^{n} a_i = \sum_{i=m}^{k} a_i + \sum_{i=k+1}^{n} a_i$

13. Produktzeichen:

   a) Defnition:

$$a_1 \cdot a_2 \cdot \ldots \cdot a_n = \prod_{i=1}^{n} a_i$$

   b) Rechenregeln:

   i. $\prod_{i=m}^{n} (c \cdot a_i) = c^{n-m+1} \cdot \prod_{i=m}^{n} a_i$

   ii. $\prod_{i=m}^{n} (a_i \cdot b_i) = \prod_{i=m}^{n} a_i \cdot \prod_{i=m}^{n} b_i$

   iii. $\prod_{i=m}^{n} a_i = \prod_{i=m}^{k} a_i \cdot \prod_{i=k+1}^{n} a_i$

1.2 Übungsaufgaben mit Lösungsvorlagen

1.2.1 Beispiele zum Erweitern und Kürzen

Kürzen und erweitern Sie folgende Brüche:

1. $\frac{10}{15}$ gekürzt mit 5:

   Sowohl der Zähler als auch der Nenner sind ein Vielfaches von 5, d.h:

2. $\frac{1}{5}$ erweitert um $x + 1$:

   Wir multiplizieren den Ausdruck $x + 1$ im Zähler und Nenner und erhalten:

   Ausmultipliziert ergibt sich:

3. $\frac{8x}{12y}$ gekürzt mit 4 :

   Wir faktorisieren Zähler und Nenner und erhalten:

   Schließlich kürzen wir mit 4, da sich der komplette Rest des Zählers und Nenners auf den Faktor 4 bezieht:

1.2.2 Beispiele zur Addition und Subtraktion

Addieren und subtrahieren Sie folgende Brüche:

1. $\frac{8}{7} - \frac{3}{7}$

    Die beiden Brüche haben bereits den gleichen Nenner, d.h. es ist keine Hauptnennersuche erforderlich. Somit subtrahieren wir die Zähler und erhalten:

2. $\frac{1}{x+1} + \frac{x}{x+1}$

    Erneut können wir auf die Hauptnennersuche verzichten und erhalten:

    Aufgrund des Kommutativgesetzes gilt im Zähler $1+x = x+1$ und damit:

    Der Faktor $x + 1$ kann schließlich gekürzt werden, da sich der komplette Rest des Zählers und Nenners auf diesen Faktor bezieht:

3. $\frac{3}{8} + \frac{2}{3}$

    Die Nenner der beiden Brüche entsprechen sich nicht, so dass eine Hauptnennersuche notwendig ist. Der einfachste Hauptnenner ergibt sich durch eine Multiplikation der beiden Nenner. Somit gilt:

    Durch diese Erweiterung haben beide Brüche den gleichen Nenner und wir erhalten für die gesuchte Summe schließlich:

4. $\frac{x}{14} + \frac{2x}{7} - \frac{x}{2}$

Die Hauptnenner der drei Brüche beträgt 14. Eine Erweiterung liefert

und damit:

1.2.3 Beispiele zur Multiplikation und Division

Multiplizieren und dividieren Sie folgende Brüche:

1. $\frac{1}{3} \cdot \frac{5}{7}$

   Es gilt der Grundatz "Zähler mal Zähler" und "Nenner mal Nenner", d.h.:

2. $\frac{x-1}{2} \cdot \frac{4}{x^2-1}$

   Bevor wir den Grundatz "Zähler mal Zähler" und "Nenner mal Nenner" anwenden, prüfen wir, inwieweit eine Vereinfachung der beiden Brüche möglich ist. Unter Beachtung der dritten binomischen Formel können wir die beiden Brüche faktorisieren und erhalten:

   Schließlich kürzen wir mit 2 und $x-1$:

3. $\frac{5}{3} \div \frac{10}{9}$

   Wir multiplizieren den ersten Bruch mit dem Kehrwert des zweiten und erhalten:

   Durch Kürzen mit 15 ergibt sich:

4. $\frac{6ab}{7} \div \frac{b}{3}$

Analog zu oben wird der erste Bruch mit dem Kehrwert des zweiten multipliziert:

Durch Kürzen mit b ergibt sich:

1.2.4 Beispiele zur Potenzrechnung

Berechnen Sie (ohne intensive Benutzung des Taschenrechners):

1. 5^3

   Eine Anwendung der Definition ergibt

   und damit schließlich:

2. $(-3)^3$

   Analog zu oben erhalten wir

   Ist die Basis negativ (hier -3) und der Exponent ungerade (hier 3), ergibt sich als Ergebnis ein negativer Ausdruck:

3. $(-5)^4$

   Auch hier tritt eine negative Basis auf (-5), die im Gegensatz zu oben nun aber auf einen geraden Exponenten trifft. Damit liefert eine Anwendung der Definition schließlich ein positives Ergebnis:

4. 2^{-3}

   Im Falle eines negativen Exponenten formen wir den Ausdruck mit Hilfe der Definition um und erhalten:

Daraus ergibt sich schließlich:

5. $\left(-\frac{1}{3}\right)^{-2}$

Auch hier ist der Exponent negativ, was analog zu oben folgende Umformung ermöglicht:

Im Nenner des Bruchs trifft eine negative Basis auf einen geradzahligen Exponenten, so dass sich mit

ein positives Endergebnis ergibt. Beachten Sie insbesondere die Multiplikation mit dem Kehrbruch im letzten Berechnungsschritt.

6. $\frac{1}{3^{-2}}$

Der negative Exponent bezieht sich nur auf den Nenner des Bruchs, was zu folgender Umformung führt:

Eine Multiplikation mit dem Kehrbruch ergibt schließlich:

7. $4^2 \cdot 4^3$

Zur Multiplikation zweier Potenzen mit gleicher Basis greifen wir auf die Rechenregel P1) zurück und erhalten:

8. $\dfrac{5^6}{5^4}$

Bei der Division zweier Potenzen mit gleicher Basis verwenden wir die Rechenregel P2), d.h.:

9. $5^3 \cdot 1\frac{3}{5}^3$

Jetzt liegen zwei Potenzen mit gleichem Exponent vor. Deren Multiplikation ist Gegenstand der Rechenregel P3) was unmittelbar zu

führt.

10. $\left(5^2\right)^3$

Zwei Exponenten können gemäß der Rechenregel P5) miteinander multipliziert werden, so dass sich

und schließlich

ergibt.

11. $\dfrac{2^3}{4^3}$

Zwei Potenzen mit gleichem Exponent werden dividiert, in dem deren Basen dividiert werden. Im Sinne von P4) gilt damit:

12. $\left(2^x \cdot 2^y\right)^z$

Eine Anwendung der Rechenregl P1) führt zunächst zu:

Jetzt greifen wir auf P5) zurück, multiplizieren aus und erhalten:

1.2.5 Beispiele zur Wurzelrechnung

Berechnen Sie (ohne intensive Benutzung des Taschenrechners):

1. $\sqrt[10]{1.024}$

   Durch eine Anwendung der Rechenregeln lässt sich der Wurzelausdruck in eine Potenz umwandeln:

   Da es sich bei $1.024 = 2^{10}$ um eine Zweierpotenz handelt, wenden wir nun das Potenzgesetz P5) an und erhalten:

2. $\sqrt[3]{64} \cdot \sqrt[2]{64}$

   Auch hier wandeln wir die Wurzelausdrücke zunächst in Potenzen um und vereinfachen das Ergebnis durch eine Anwendung des Potenzgesetzes P1):

   Beachten Sie, dass im letzten Schritt (Addition zweier Brüche) zunächst die Bildung des Hauptnenners erforderlich ist. Da es sich bei $64 = 2^6$ erneut um eine Zweierpotenz handelt, greifen wir auf P5) zurück und erhalten:

3. $\sqrt[3]{\sqrt[2]{64}}$

   Bei der Verschachtelung zweier Wurzelausdrücke gehen wir von innen nach außen vor. Die Quadratwurzel von 64 ist 8, so dass

   gilt. Wegen $8 = 2^3$ ergibt sich unter Anwendung des Potenzgesetzes P5) damit:

1.2.6 Beispiele zum Rechnen mit Logarithmen

Berechnen Sie folgende Logarithmen (ohne intensive Benutzung des Taschenrechners!):

1. $\log_2 512$

   Bei 512 handelt es sich um eine Zweierpotenz, da $512 = 2^9$ gilt. Somit können wir den Ausdruck in

   umformen und schließlich die Rechenregel L3) anwenden:

2. $\log_3 9$

   Analog zu oben gehen wir auch hier vor und erhalten:

3. $\log_{12}(144 \cdot \alpha)$

   Der Logarithmus bezieht sich auf ein Produkt, d.h. wir können das Logarithmusgesetz L1) anwenden und den Ausdruck in zwei separate Logarithmen aufspalten:

   Wegen $144 = 12^2$, ergibt sich für den ersten Logarithmus

   und damit schließlich:

4. $\log_7 84 - \log_7 12$

Im Sinne des Logarithmusgesetzes L2) können wir die beiden Ausdrücke (wegen der Verwendung der einheitlichen Basis 7) zusammenziehen und erhalten:

5. $\log_9 \left(9^3 \right)$

Eine unmittelbare Anwendung von L3) ergibt:

6. $\log_{32} 1.024$

Das Argument und die Basis des Logarithmus sind Zweierpotenzen, d.h. es gilt $32 = 2^5$ bzw. $1.024 = 2^{10}$. Aus diesem Grund macht es Sinn, das Logarithmusgesetz L4) anzuwenden und dabei $c = 2$ zu wählen:

Jetzt gilt

und damit schließlich:

1.2.7 Beispiele zum Summen- und Produktzeichen

Berechnen Sie durch Anwendung der Rechenregeln:

1. $\sum_{i=1}^{6} i$

   Wir wenden die Definition des Summenzeichens an und erhalten:

2. $\sum_{i=0}^{3} 4^i$

   Analog zu oben ergibt sich:

3. $\sum_{i=3}^{6} (i-2)$

   Erneut greifen wir auf die Definition des Summenzeichens zurück und erhalten:

4. $\sum_{i=1}^{2} \log_2 i$

   Der Ausdruck lässt sich zu

   umformen, d.h. es gilt:

5. $\sum_{i=1}^{6} 3i$

   Der Faktor 3 lässt sich ausklammern und wir erhalten

und schließlich:

6. $\sum_{i=1}^{4}(i + i^2)$

Bei Summen gilt das Assoziativ- und Kommutativgesetz, so dass sich der Ausdruck in zwei Teilsummen aufspalten lässt:

Daraus ergibt sich schließlich:

7. $\sum_{i=1}^{3}(2i + 5i^2)$

Wir gehen analog zu 5. und 6. vor und erhalten:

Eine Anwendung der Definition des Summenzeichens ergibt damit:

8. $\prod_{i=1}^{4} \frac{1}{i}$

Wir greifen auf die Definition des Produktzeichens zurück und erhalten:

9. $\prod_{i=2}^{5} i^2$

Auch hier greifen wir auf die Definition des Produktzeichens zurück und erhalten:

10. $\prod_{i=1}^{3} 2i$

Im Gegensatz zum Summenzeichen können wir nicht "ausklammern"! Vielmehr gilt:

11. $\prod_{i=1}^{5} (i - 2)$

Eine Anwendung der Defintion des Produktzeichens liefert:

12. $\prod_{i=2}^{5} 2i$

Auch hier greifen wir auf die Definition des Produktzeichens zurück und erhalten:

13. $\prod_{i=1}^{4} (i \cdot i^2)$

Wir machen uns das Kommutativgesetz zu Nutze und erhalten:

14. $\prod_{i=1}^{12} i$

Eine Anwendung der Definition des Produktzeichens führt schließlich zur Fakultät:

1.3 Übungsaufgaben

1.3.1 Aufgabe 1

Lösen Sie die Klammern auf:

1. $-(3a - 4)$

2. $-[5 - (6 + x)]$

1.3.2 Aufgabe 2

Multiplizieren Sie aus:

1. $3 \cdot (a^2 - b) + 5 \cdot (a + b)$

2. $(3 + 4a) \cdot (7b - 2)$

3. $7x \cdot (3z^2 + 1) - 2 \cdot (x - z)$

1.3.3 Aufgabe 3

Kürzen Sie folgende Brüche:

1. $\frac{27a}{18b}$

2. $\frac{63a^2 b}{14ab^2}$

3. $\frac{12xy - 4yz}{16xz + 8xy}$

1.3.4 Aufgabe 4

Addieren bzw. subtrahieren Sie folgende Brüche und kürzen Sie soweit wie möglich:

1. $\frac{1}{2} + \frac{1}{7}$

2. $\frac{3a}{7} + \frac{6a}{3} - \frac{12a}{21}$

3. $\frac{3a}{6ab} - \frac{7a}{3a} + \frac{2ab}{4}$

4. $\frac{y}{-x-2y} + \frac{y}{x+2y}$

1.3.5 Aufgabe 5

Multiplizieren bzw. dividieren Sie folgende Brüche und kürzen Sie soweit wie möglich:

1. $\frac{10}{7} \cdot \frac{5}{3} \cdot \frac{2}{3}$

2. $\frac{3}{12b} \cdot \frac{4b^2}{6}$

3. $\frac{ab^2}{a+1} \cdot \frac{2a+2}{b^2} \cdot \frac{16}{2a}$

4. $\frac{1}{2} \div \frac{1}{4}$

5. $\frac{3y^2}{3x+1} \div \frac{6y^2}{12x+4}$

6. $\frac{3x}{4y} \div \frac{6x^2}{2y^2} \div \frac{21}{16xy}$

1.3.6 Aufgabe 6

In einer Großstadt mit 268.500 Einwohnern leben 9.2% Rentner. Wie viele Rentner leben in der Stadt?

1.3.7 Aufgabe 7

Bei der Wahl zum Vorsitzenden eines Vereins entfallen auf den Kandidaten A 58, auf B 137 und auf C 91 Stimmen. Wie ist die prozentuale Aufteilung der Stimmen?

1.3.8 Aufgabe 8

Schreiben Sie folgende Ausdrücke als Potenzen:

1. $(x-y)(x-y)(x-y)(x-y)$

2. $(-a^2) \cdot (-a)^2 \cdot (-a)^3$

3. $(x+y)^{-3}(x+y)^8(x+y)^{-2}$

1.3.9 Aufgabe 9

Fassen Sie folgende Ausdrücke zusammen:

1. $(a^2)^3$

2. $(a^2 b)^3$

3. $(x-1)^4 + 7(x-1)^4 - 12(x-1)^4 + 3(x-1)^4$

4. $\frac{x^7 x^n}{y^3 y^{-m}}$

5. $\left(\frac{a^7}{b^3} \div \frac{a^{7+n}}{b^n} \right) \cdot \frac{a^n}{b}$

6. $x^2 + 2xy + y^2$

7. $16x^2 - 16xy + 4y^2$

8. $a^8 - 2a^4 b^2 + b^4$

9. $4a^2 - b^2$

10. $12\sqrt{x} - \sqrt{4x} - \sqrt{x}$

11. $\sqrt{3 \cdot 7} \cdot \sqrt{3 \cdot 7}$

12. $\sqrt{20} \cdot \sqrt{20} \cdot \sqrt{2}$

13. $\frac{\sqrt{36 a^4 b^4}}{\sqrt{4a^2}}$

14. $\left(\sqrt{x+y} - \sqrt{y-z} \right) \cdot \left(\sqrt{x+y} + \sqrt{y-z} \right)$

15. $\sqrt[8]{a^2 b \sqrt[4]{b^{12}}}$

16. $\frac{\sqrt[5]{x^2 \sqrt[3]{x^9 \sqrt{x^{45}}}}}{\sqrt[3]{y^2 \sqrt[3]{y^6}}} \cdot \frac{\sqrt[6]{y^5 \sqrt[4]{y^{36}}}}{\sqrt[4]{x^3 \sqrt[6]{x^{18}}}}$

17. $\log_a u + \log_{a^2} u$

18. $\frac{1}{3}\log_a x - \frac{1}{9}\log_a x^3 + 2\log_a x - \frac{1}{4}\log_a x^4$

1.3.10 Aufgabe 10

Kürzen Sie folgende Brüche:

1. $\frac{a^2-2ab+b^2}{2a-2b}$

2. $\frac{x^2-y^2}{6x-6y}$

3. $\frac{7a^2-14ab+7b^2}{3(a-b)}$

4. $\frac{54a^2-36ab+6b^2}{6a-2b}$

1.3.11 Aufgabe 11

Berechnen Sie folgende Logarithmen:

1. $\log_2 4$

2. $\log_2 \frac{1}{8}$

3. $\log_7 (7^n)$ für $n \in \mathbb{Z}$

1.3.12 Aufgabe 12

Schreiben Sie folgende Summen mit dem Summenzeichen:

1. $2 + 4 + 6 + 8$

2. $-1 + 4 + 9 + 14 + 19$

1.3.13 Aufgabe 13

Berechnen Sie folgende Summen:

1. $\sum_{k=-2}^{2} 3k$

2. $\sum_{j=4}^{10}(j - 2)$

3. $\sum_{i=1}^{4} \sum_{j=1}^{4} ij$

4. $\sum_{i=1}^{4} i \cdot \sum_{i=1}^{4} i$

5. $\sum_{k=1}^{3} \sum_{i=-k}^{k}(i \cdot x + 1)$

1.3.14 Aufgabe 14

Schreiben Sie folgende Produkte mit dem Produktzeichen:

1. $5 \cdot 5 \cdot 5 \cdot 5 \cdot 5$

2. $2 \cdot 4 \cdot 6 \cdot 8 \cdot 10 \cdot 12$

3. $(-3) \cdot (-1) \cdot 1 \cdot 3 \cdot 5$

1.3.15 Aufgabe 15

Berechnen Sie:

1. $\prod_{i=1}^{5} 2$

2. $\prod_{i=0}^{4} (i + 1)$

1.4 Lösungen zu den Übungsaufgaben

Aufgabe 1

1. $-3a + 4$
2. $x + 1$

Aufgabe 2

1. $3a^2 + 5a + 2b$
2. $-8a + 28ab + 21b - 6$
3. $5x + 21xz^2 + 2z$

Aufgabe 3

1. $\frac{3a}{2b}$
2. $\frac{9a}{2b}$
3. $\frac{3xy - yz}{4xz + 2xy}$

Aufgabe 4

1. $\frac{9}{14}$
2. $\frac{13}{7}a$
3. $\frac{3 - 14b + 3ab^2}{6b}$
4. 0

Aufgabe 5

1. $\frac{100}{63}$
2. $\frac{b}{6}$
3. 16
4. 2
5. 2
6. $\frac{4y^2}{21}$

Aufgabe 6

24.702

Aufgabe 7

- A: $20,3\%$
- B: $47,9\%$
- C: $31,8\%$

Aufgabe 8

1. $(x - y)^4$

2. a^7

3. $(x + y)^3$

Aufgabe 9

1. a^6

2. $a^6 b^3$

3. $-(x - 1)^4$

4. $\frac{x^{n+7}}{y^{3-m}}$

5. b^{n-4}

6. $(x + y)^2$

7. $(4x - 2y)^2$

8. $(a^4 - b^2)^2$

9. $(2a - b)(2a + b)$

10. $9\sqrt{x}$

11. 21

12. $20\sqrt{2}$

13. $3ab^2$

14. $x + z$

15. $\sqrt[4]{a} \cdot \sqrt{b}$

16. xy

17. $1,5 \cdot \log_a u$

18. $\log_a x$

Aufgabe 10

1. $\frac{a-b}{2}$

2. $\frac{x+y}{6}$

3. $\frac{7}{3}(a - b)$

4. $9a - 3b$

Aufgabe 11

1. 2

2. -3

3. n

Aufgabe 12

1. $\sum_{i=1}^{4} 2i$

2. $\sum_{i=1}^{5}(5i - 6)$

Aufgabe 13

1. 0

2. $\sum_{j=2}^{8} j = 35$

3. 100

4. 100

5. 15

Aufgabe 14

1. $\prod_{i=1}^{5} 5$

2. $\prod_{i=1}^{6} 2i$

3. $\prod_{i=1}^{5}(2i - 5)$

Aufgabe 15

1. 32

2. $5! = 120$

2 Funktionen

Supere aude! Habe Mut, dich deines eigenen Verstandes zu bedienen.

Immanuel Kant, deutscher Philosoph, 1724 - 1804

2.1 Das Wichtigste in aller Kürze

Im zweiten Kapitel der Vorlesung dreht sich alles um Funktionen. Wir gehen zu Beginn auf einige wesentliche Grundlagen ein, ehe wir uns im Anschluss daran die wichtigsten Funktionsarten der Reihe nach herausgreifen und gesondert betrachten:

1. Definition: Eine Zuordnung f, die jedem Element x einer Menge $\mathbb{D}$ genau einen Wert y aus der Menge $\mathbb{W}$ zuordnet, heißt Funktion oder Abbildung von $\mathbb{D}$ nach $\mathbb{W}$. Man schreibt

$$f: \quad \mathbb{D} \to \mathbb{W} \qquad \text{bzw.} \qquad x \to y = f(x)$$

2. Lineare Funktionen:

   a) Definition: Seien $a, b \in \mathbb{R}$. Dann heißt die Funktion $f: \mathbb{R} \to \mathbb{R}$ mit $f(x) = ax + b$ lineare Funktion mit den Parametern a (Steigung) und b (Ordinatenabschnitt).

   b) Berechnung der Steigung einer Geraden aus zwei gegebenen Punkten $(x_1; y_1)$ und $(x_2; y_2)$:

   $$a = \frac{y_2 - y_1}{x_2 - x_1}$$

3. Quadratfunktionen:

   a) Definition: Seien $a, b, c \in \mathbb{R}$. Dann heißt die Funktion $f: \mathbb{R} \to \mathbb{R}$ mit $f(x) = ax^2 + bx + c$ quadratische Funktion (Parabel) mit den Parametern a, b, c.

b) Wichtig:

    i. $a > 0$: Parabel nach oben geöffnet

    ii. $a < 0$: Parabel nach unten geöffnet

    iii. Berechnung des Scheitelpunkts:

$$\left(-\frac{b}{2a}; \frac{-b^2}{4a} + c \right)$$

4. Polynome: Seien $a_0, a_1, ..., a_n \in \mathbb{R}$. Dann heißt die Funktion $f : \mathbb{R} \to \mathbb{R}$ mit

$$f(x) = a_n x^n + a_{n-1} x^{n-1} + ... + a_2 x^2 + a_1 x + a_0 \qquad (a_n \neq 0)$$

Polynom vom Grad n mit den Parametern $a_0, a_1, ..., a_n$.

5. Exponentialfunktionen:

    a) Definition: Sei $a > 0$. Dann heißt die Funktion $f : \mathbb{R} \to \mathbb{R}$ mit $f(x) = a^x$ Exponentialfunktion zur Basis a. Für $a = e = 2,7182...$ schreibt man:

$$f(x) = e^x = \exp(x)$$

    b) Wichtig:

        i. $a > 1$: Exponentialfunktion ist monoton steigend

        ii. $a < 1$: Exponentialfunktion ist monoton fallend

        iii. Charakteristische Punkte: $(0; 1)$ und $(1; a)$

        iv. Die Graphen der Exponentialfunktionen liegen im 1. und 2. Quadranten

        v. Exponentialfunktionen haben keine Nullstellen

6. Logarithmusfunktionen:

    a) Definition: Sei $a > 0$ und $a \neq 1$. Dann heißt die Funktion $f : (0; \infty) \to \mathbb{R}$ mit $f(x) = \log_a x$ Logarithmusfunktion zur Basis a. Für $a = e = 2,7182...$ schreibt man:

$$f(x) = \log_e x = \ln x$$

    b) Wichtig:

i. $a > 1$: Logarithmusfunktion ist monoton steigend

ii. $a < 1$: Logarithmusfunktion ist monoton fallend

iii. Charakteristische Punkte: $(1; 0)$ und $(a; 1)$

iv. Die Graphen der Logarithmusfunktionen liegen im 1. und 4. Quadranten

v. Logarithmusfunktionen haben eine Nullstelle $(1; 0)$

7. Grenzwerte:

   a) Der Grenzwert g einer Funktion f an der Stelle $x = x_0$ ist der Wert, an den sich die Funktion annähert

   b) Entsprechen sich links- und rechtsseitiger Grenzwert, hat die Funktion f einen Grenzwert g und man schreibt

   $$\lim_{x \to x_0} f(x) = g$$

8. Monotonieverhalten:
   Sei f eine im Intervall $\mathbb{I} = [a; b]$ definierte Funktion mit $x_1, x_2 \in \mathbb{I}$ und $x_1 < x_2$. Dann gilt:

   • f ist monoton steigend in $\mathbb{I}$, falls $f(x_1) \leq f(x_2)$

   • f ist streng monoton steigend in $\mathbb{I}$, falls $f(x_1) < f(x_2)$

   • f ist monoton fallend in $\mathbb{I}$, falls $f(x_1) \geq f(x_2)$

   • f ist streng monoton fallend in $\mathbb{I}$, falls $f(x_1) > f(x_2)$

2.2 Übungsaufgaben mit Lösungsvorlagen

2.2.1 Beispiel zum Zeichnen einer Linearen Funktion

Gegeben seien die beiden Funktionen

$$f(x) = 3x + 2$$

und

$$g(x) = -x - 1.$$

Zeichnen Sie die beiden Funktionen in das folgende Koordinatensystem:

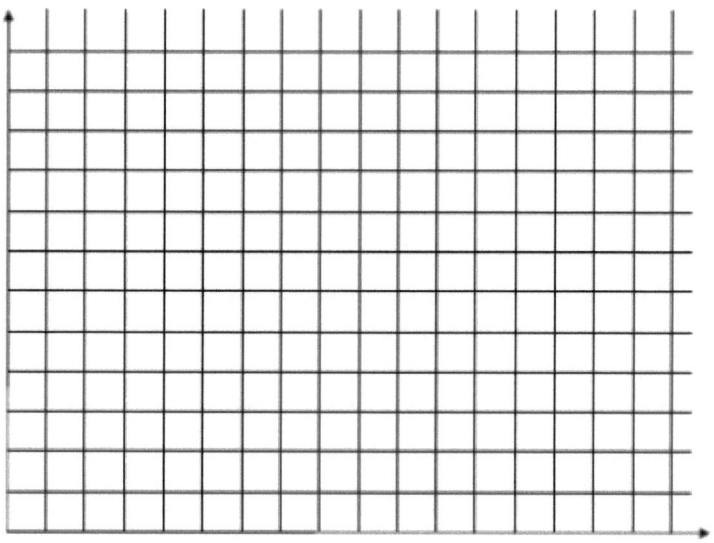

Allgemein gilt $f(x) = ax + b$, d.h. der Ausdruck vor dem "x" entspricht der Steigung der Geraden, der Term ohne "x" dem Ordinatenabschnitt. Somit gilt für $f(x) = 3x + 2$:

- Steigung:

- Odinatenabschnitt:

Analog dazu ergibt sich für $g(x) = -x - 1$:

- Steigung:

- Odinatenabschnitt:

2.2.2 Beispiel zur Bestimmung einer Geradengleichung

Seien $P_1 = (-1; 3)$ und $P_2 = (5; -2)$ zwei Punkte einer Geraden. Wie lautet die Funktion $f(x) = ax + b$?

Zur Bestimmung der Steigung greifen wir auf

$$a = \frac{y_2 - y_1}{x_2 - x_1}$$

zurück und setzen die Koordinaten von P_1 und P_2 ein. Somit ergibt sich

und damit schließlich

Da beide Punkte P_1 und P_2 auf der Geraden liegen, ergibt sich der Ordinatenabschnitt b durch Einsetzen eines Punktes und anschließendem Auflösen nach b.

- Für P_1 gilt

  und damit:

- Der Punkt P_2 liefert das gleiche Ergebnis. Aus

  folgt nämlich unmittelbar:

Die gesuchte Geradengleichung lautet damit:

$$f(x) = -\frac{5}{6}x + 2\frac{1}{6}$$

2.2.3 Beispiel zur praktischen Anwendung von Linearen Funktionen

Gegeben sind die lineare Angebotsfunktion $S(p) = 30 + 1,5p$ und die lineare Nachfragefunktion $D(p) = 100 - 2p$ (jeweils in Abhängigkeit vom Preis p). Die Nachfragefunktion weist eine negative Steigung auf, da mit zunehmendem Preis die Nachfrage nach dem Produkt fällt. Bei der Angebotsfunktion ist der Zusammenhang zum Preis genau entgegengesetzt - daher die positive Steigung. Bestimmen Sie den Gleichgewichtspreis, d.h. den Preis, bei dem angebotene und nachgefragte Menge übereinstimmen.

Bildlich gesprochen suchen wir den Schnittpunkt der beiden Geraden. Diesen ermitteln wir durch Gleichsetzen der Funktionen und anschließendem Auflösen nach p:

$$30 + 1,5p = 100 - 2p$$

Die Gleichgewichtsmenge beläuft sich schließlich auf:

2.2.4 Beispiel zur Polynomdivision

Führen Sie die Polynomdivision $(-x^3 + 4x^2 - x - 6)/(x - 2)$ durch!

Polynome können in gleicher Weise dividiert werden wie Zahlen, d.h. es gilt:

$$(-x^3 + 4x^2 - x - 6)/(x - 2) =$$

Die Polynomdivision zeigt, dass man den Ausdruck $-x^3 + 4x^2 - x - 6$ mit einer Multiplikation gleichsetzen kann:

$$(-x^3 + 4x^2 - x - 6) = (x - 2) \cdot (-x^2 + 2x + 3)$$

2.2.5 Beispiel zur praktischen Anwendung von Quadratfunktionen

Ein Unternehmen erzielt für den Verkauf von x Einheiten eines Gutes den Erlös $E(x) = -0,5x^2 + 10x + 2$. Die Kosten für Herstellung und Verkauf des Gutes lassen sich durch folgende Kostenfunktion beschreiben: $K(x) = 0,2x + 1,5$

1. Wie lautet die Gewinnfunktion $G(x)$?

   Die Gewinnfunktion ergibt sich als Differenz aus der Erlös- und der Kostenfunktion. Damit gilt

   und schließlich:

2. Für welche Menge x wird der Gewinn maximal?

   Die Gewinnfunktion ist eine nach unten geöffnete Parabel ($a = -0,5$), so dass wir mit Hilfe von

   $$\left(-\frac{b}{2a}; \frac{-b^2}{4a} + c\right)$$

   den Scheitel der Parabel, d.h. das Maximum bestimmen können. Gesucht ist die x-Koordinate, für die schließlich

   gilt.

3. Wie hoch ist der maximale Gewinn?

   Die Höhe des maximal möglichen Gewinns entspricht der y-Koordinate des Scheitelpunktes. Einsetzen liefert:

2.2.6 Beispiel zur praktischen Anwendung von Exponentialfunktionen

Ihr Auto hat heute, d.h. zum Zeitpunkt t_0 den Wert $P_0 = 22.000$ EUR. Es wird angenommen, dass das Fahrzeug über einen Zeitraum von drei Jahren jedes Jahr mit einer Rate von 20% an Wert verliert.

1. Wie hoch ist der Wert des Fahrzeugs nach einem Jahr?

   Nach einem Jahr beträgt der Wert des Fahrzeugs noch 80% von P_0, d.h. es gilt:

2. Wie hoch ist der Wert des Fahrzeugs nach drei Jahren?

   Nach drei Jahren beträgt der Wert des Fahrzeugs noch 80% von P_2, d.h.:

   Da der Wert des Fahrzeugs am Ende des zweiten Jahrs noch 80% vom Vorjahreswert beträgt, können wir P_2 durch $0,8 \cdot P_1$ ersetzen und erhalten:

   Für P_1 gilt analog $P_1 = 0,8 \cdot P_0$ und damit:

3. Stellen Sie den Wertverlauf Ihres Fahrzeugs graphisch dar und nutzen Sie die folgende Vorlage! Unterstellen Sie dabei, dass die Abschreibungsrate konstant bleibt!

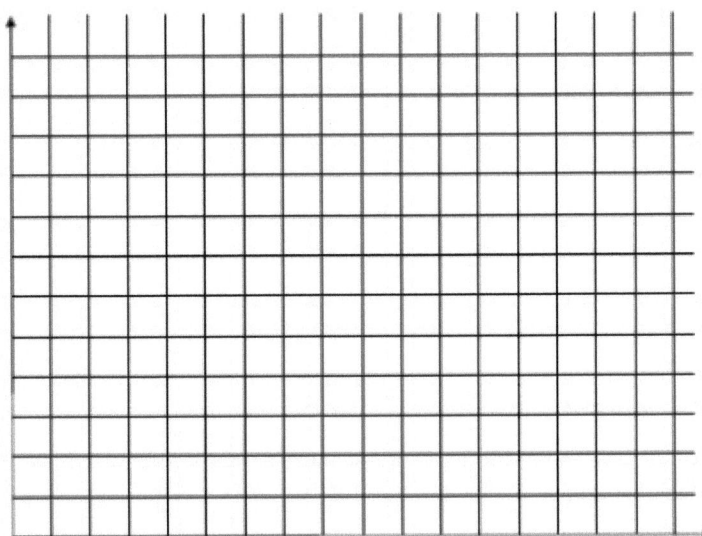

2.3 Übungsaufgaben

2.3.1 Aufgabe 1

Zeichnen Sie den Graphen zu folgenden Funktionen:

1. $f : \mathbb{R} \to \mathbb{R}, \quad f(x) = -2x + 5$

2. $f : \mathbb{R} \to [1; \infty), \quad f(x) = x^2 + 1$

3. $f : \mathbb{R} \to \mathbb{R}, \quad f(x) = x^3 - 1$

2.3.2 Aufgabe 2

Geben Sie zu folgenden Funktionen jeweils den maximal möglichen Definitionsbereich an:

1. $f(x) = \ln(x + 7)$

2. $f(x) = \frac{x^2}{x^2 - 2x + 1}$

3. $f(x) = \sqrt{x \sqrt{x - 27}}$

4. $f(x) = \frac{1}{x + 3}$

5. $f(x) = \sqrt{2x + 4}$

6. $f(x) = \sqrt{\frac{x - 1}{(x - 2)(x + 3)}}$

2.3.3 Aufgabe 3

f sei für alle x definiert durch

$$f(x) = \frac{x}{1 + x^2}$$

1. Berechnen Sie $f\left(-\frac{1}{10}\right)$, $f(0)$, $f\left(\frac{1}{\sqrt{2}}\right)$, $f(\sqrt{\pi})$ und $f(2)$.

2. Zeigen Sie, dass für alle $x \in \mathbb{R}$ $f(-x) = -f(x)$ gilt.

3. Zeigen Sie, dass für alle $x \neq 0$ $f\left(\frac{1}{x}\right) = f(x)$ gilt.

2.3.4 Aufgabe 4

Füllen Sie die Tabelle aus und zeichnen Sie die Funktion $f(x)$ in ein Koordinatensystem:

x	-2	-1	0	1	2	3	4
$f(x) = x^2 - 2x - 3$							

2.3.5 Aufgabe 5

Es sei $f(x) = x^2 - 4x$.

1. Vervollständigen Sie folgende Tabelle:

x	-1	0	1	2	3	4	5
$f(x)$							

2. Skizzieren Sie unter Zuhilfenahme der Tabelle aus 1) den Graphen von f.

3. Welchen Scheitelpunkt besitzt die Funktion?

2.3.6 Aufgabe 6

Bestimmen Sie die Scheitelpunkte folgender Funktionen:

1. $f(x) = x^2 + 4x$

2. $f(x) = x^2 + 6x + 18$

3. $f(x) = 9x^2 - 6x - 44$

4. $f(x) = -x^2 - 200x + 30.000$

5. $f(x) = x^2 + 100x - 20.000$

2.3.7 Aufgabe 7

Führen Sie folgende Polynomdivisionen durch:

1. $\left(x^3 + 3x^2 - x - 3\right) / (x - 1)$

2. $\left(x^3 - 13x - 12\right)/(x+3)$

3. $\left(x^4 + 6x^3 - 4x^2 - 54x - 45\right)/(x-3)$

4. $\left(x^7 - 1\right)/(x-1)$

5. $\left(x^3 - y^3\right)/(x-y)$

6. $\left(\frac{1}{2}x^2 - 2\right)/(\frac{1}{2}x + 1)$

7. $\left(x^3 - \frac{105}{20}x^2 + \frac{61}{8}x - \frac{21}{8}\right)/(x - \frac{1}{2})$

8. $\left(x^4 + \frac{1}{2}x^3 + 5x^2 - \frac{1}{2}x - \frac{3}{2}\right)/(x + \frac{1}{2})$

9. $\left(x^6 + x^5 - 5x^4 + x^3 - 26x^2 - 20x + 120\right)/(x+3)$

2.3.8 Aufgabe 8

Die Bevölkerungszahl in Europa wächst mit einer jährlichen Rate von 0,72%. Wie viele Jahre dauert es, bis sich die Einwohnerzahl verdoppelt?

2.3.9 Aufgabe 9

Bestimmen Sie folgende lineare Funktionen f_1, f_2 und f_3:

1. Der Graph von f_1 geht durch $(-2; 3)$ und hat die Steigung -3

2. Der Graph von f_2 geht durch $(-3; 5)$ und $(2; 7)$

3. Der Graph von f_3 geht durch $(a; b)$ und $(2a; 3b)$ (Annahme: $a \neq 0$)

2.3.10 Aufgabe 10

Bestimmen Sie den Zusammenhang zwischen den Temperaturskalen in Grad Celsius (C) und Grad Fahrenheit (F), wenn Sie wissen, dass

- die Beziehung linear ist

- Wasser bei 0 Grad Celsius und 32 Grad Fahrenheit gefriert und

- Wasser bei 100 Grad Celsius und 212 Grad Fahrenheit siedet.

2.3.11 Aufgabe 11

Gegeben sind die Funktionen $f_1(x) = a^x$ und $f_2(x) = \log_b x$. Bestimmen Sie a und b so, dass sich die beiden Funktionen im Punkt $(4; 16)$ schneiden.

2.3.12 Aufgabe 12

Ein Unternehmen muss für die Dienstreise eines Mitarbeiters einen Mietwagen anmieten. Die Kosten der Mietwagenfirma 1 sind seit längerem bekannt. Sie lassen sich funktional in Abhängigkeit der gefahrenen Wegstrecke x wie folgt beschreiben:[1]

$$K_1 = \begin{cases} 155 & \text{für} \quad 0 \leq x \leq 400 \\ 155 + (x - 400) \cdot 0,90 & \text{für} \quad x > 400 \end{cases}$$

Die Assistenz prüft zudem die Angebote verschiedener Mietwagenfirmen im Internet. Sie findet noch folgendes Angebot: Grundpreis 125 EUR pro Miettag inklusive 100 Freikilometer. Jeder weitere Kilometer kostet 0,35 EUR.

1. Analysieren und erläutern Sie die Bestandteile der Funktion K_1!

2. Stellen Sie eine ähnliche Funktion für das zweite Angebot auf!

3. Skizzieren Sie die beiden Angebote in einem (!) Koordinatensystem

4. Welche Kosten entstehen bei Mietwagen 1 und 2, falls 320 km gefahren werden sollten?

5. Welches der beiden Angebote ist bei einer Fahrtstrecke von über 600km zu wählen?

---

[1] Quelle: Wendler, T.; Tippe, U.: Übungsbuch Mathematik für Wirtschaftswissenschaftler, S. 247

2.4 Lösungen zu den Übungsaufgaben

Aufgabe 1

1. Graph:

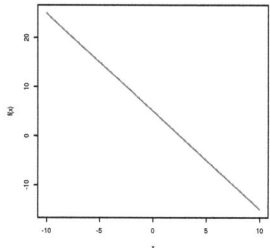

2. Graph:

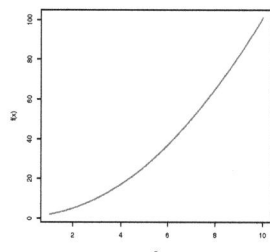

3. Graph:

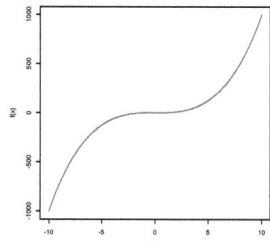

Aufgabe 2

1. $\mathbb{D} = \{x \in \mathbb{R} : x > -7\}$

2. $\mathbb{D} = \mathbb{R}\setminus\{1\}$

3. $\mathbb{D} = \{x \in \mathbb{R} : x \geq 27\}$

4. $\mathbb{D} = \mathbb{R}\setminus\{-3\}$

5. $\mathbb{D} = \{x \in \mathbb{R} : x \geq -2\}$

6. $\mathbb{D} = \{x \in \mathbb{R} : -3 < x \leq 1\}$ und $\mathbb{D} = \{x \in \mathbb{R} : x > 2\}$

Aufgabe 3

1. $f\left(-\frac{1}{10}\right) = -\frac{10}{101}$, $f(0) = 0$, $f\left(\frac{1}{\sqrt{2}}\right) = \frac{\sqrt{2}}{3}$, $f(\sqrt{\pi}) = \frac{\sqrt{\pi}}{1+\pi}$ und
   $f(2) = \frac{2}{5}$.

2. $f(-x) = \frac{-x}{1+(-x)^2} = -\frac{x}{1+x^2} = -f(x)$

3. $f\left(\frac{1}{x}\right) = \frac{\frac{1}{x}}{1+\left(\frac{1}{x}\right)^2} = \frac{\frac{1}{x}}{1+\frac{1}{x^2}} = \frac{1}{x} \cdot \frac{x^2}{x^2+1} = f(x)$.

Aufgabe 4

Wertetabelle:

x	-2	-1	0	1	2	3	4
$f(x) = x^2 - 2x - 3$	5	0	-3	-4	-3	0	5

Graph:

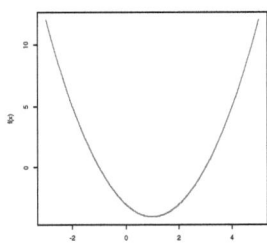

Aufgabe 5

1. Wertetabelle:

x	-1	0	1	2	3	4	5
$f(x)$	5	0	-3	-4	-3	0	5

2. Graph:

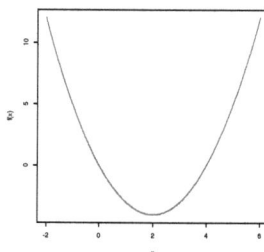

3. Minimum in $(2; -4)$

Aufgabe 6

1. Minimum bei $(-2; -4)$

2. Minimum bei $(-3; -9)$

3. Minimum bei $(\frac{1}{3}; -45)$

4. Maximum bei $(-100; 40.000)$

5. Minimum bei $(-50; -22.500)$

Aufgabe 7

1. $\left(x^3 + 3x^2 - x - 3\right) = (x-1)(x+1)(x+3)$

2. $\left(x^3 - 13x - 12\right) = (x+3)(x+1)(x-4)$

3. $\left(x^4 + 6x^3 - 4x^2 - 54x - 45\right) = (x-3)(x+5)(x+3)(x+1)$

4. $\left(x^7 - 1\right) = (x-1)(x^6 + x^5 + x^4 + x^3 + x^2 + x + 1)$

5. $\left(x^3 - y^3\right) = (x-y)(x^2 + xy + y^2)$

6. $\left(\frac{1}{2}x^2 - 2\right) = (\frac{1}{2}x + 1)(x - 2)$

7. $\left(x^3 - \frac{105}{20}x^2 + \frac{61}{8}x - \frac{21}{8}\right) = (x - \frac{1}{2})(x^2 - \frac{19}{4}x + \frac{21}{4})$

8. $\left(x^4 + \frac{1}{2}x^3 + 5x^2 - \frac{1}{2}x - \frac{3}{2}\right) = (x + \frac{1}{2})(x^3 + 5x - 3)$

9. $\left(x^6 + x^5 - 5x^4 + x^3 - 26x^2 - 20x + 120\right) = (x+3)(x^5 - 2x^4 + x^3 - 2x^2 - 20x + 40)$

Aufgabe 8

96,6 Jahre

Aufgabe 9

1. $f_1 = -3x - 3$

2. $f_2 = \frac{2}{5}x + \frac{31}{5}$

3. $f_3 = \left(\frac{2b}{a}\right)x - b$

Aufgabe 10

$F = \frac{9}{5}C + 32$

Aufgabe 11

$a = 2$ und $b = \sqrt[16]{4}$

Aufgabe 12

1. -

2. Funktion:

$$K_2 = \begin{cases} 125 & \text{für} \quad 0 \leq x \leq 100 \\ 125 + (x - 100) \cdot 0,35 & \text{für} \quad x > 100 \end{cases}$$

3. Graph:

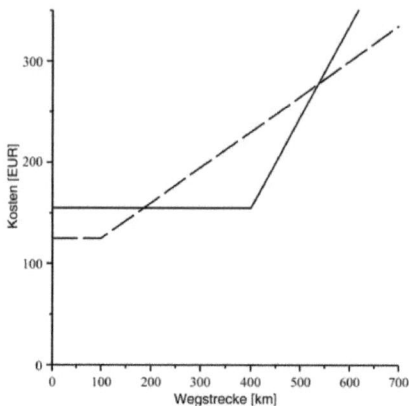

4. Angebot 1: 155 EUR; Angebot 2: 202 EUR

5. Angebot 2

3 Gleichungen

Liebe ist eine Gleichung mit zwei Unbekannten.

Gerhard Branstner, deutscher Schriftsteller, 1927 - 2008

3.1 Das Wichtigste in aller Kürze

Der Schwerpunkt des dritten Kapitels ist das Lösen von Gleichungen. Wir greifen uns hierzu wichtige Gleichungstypen heraus und gehen sie nacheinander durch. Abschließend setzen wir uns mit dem Lösen von linearen Gleichungssystemen auseinander:

1. Zielsetzung: Ziel ist es, die Gleichung durch Anwendung geeigneter Rechenoperationen so umzuformen, dass die Unbekannte (meist x) auf einer Seite des Gleichheitszeichens isoliert und somit die Lösung erkennbar ist. Man bezeichnet diese Vorgehensweise auch als „Auflösen der Gleichung nach x".

2. Grundlegendes Vorgehen:

   a) Bestimmung der Definitionsmenge

   b) Lösen der Gleichung

   c) Überprüfung wohldefinierter Lösungen und Ermittlung der Lösungsmenge

3. Rechenoperationen, die die Lösungsmenge nicht varändern:

   a) Vertauschen beider Seiten

   b) Addition und Subtraktion der gleichen Zahlen auf beiden Seiten

   c) Multiplikation oder Division durch die gleichen Zahlen auf beiden Seiten

   d) Potenzieren bzw. Radizieren beider Seiten mit dem gleichen Exponenten

e) Logarithmieren beider Seiten zur gleichen Basis

4. Lineare Gleichungen: Seien $a, b \in \mathbb{R}$. Dann lassen sich lineare Gleichungen durch

$$ax + b = 0$$

beschreiben.

5. Quadratische Gleichungen:

   a) Definition: Seien $a, b, c \in \mathbb{R}$. Dann lassen sich quadratische Gleichungen durch

   $$ax^2 + bx + c = 0$$

   beschreiben.

   b) Lösen mit Hilfe der Mitternachtsformel:

   $$x^* = \frac{-b \pm \sqrt{b^2 - 4ac}}{2a}$$

   c) Lösbarkeit in Abhängigkeit der Diskriminante:

   $$D = b^2 - 4ac$$

   i. Fall 1: $D = b^2 - 4ac > 0$:
      Die Lösungsmenge $\mathbb{L} = \{x_1^*, x_2^*\}$ der zu lösenden quadratischen Gleichung enthält zwei Lösungen, nämlich

      $$x_1^* = \frac{-b + \sqrt{b^2 - 4ac}}{2a}$$

      und

      $$x_2^* = \frac{-b - \sqrt{b^2 - 4ac}}{2a}$$

   ii. Fall 2: $D = b^2 - 4ac = 0$:
       Die Gleichung hat eine Lösung, d.h. $\mathbb{L} = \{x^*\}$ mit:

       $$x^* = \frac{-b}{2a}$$

   iii. Fall 3: $D = b^2 - 4ac < 0$:
        Die Gleichung hat keine gültige Lösung, d.h. $\mathbb{L} = \{\}$

6. Bruchgleichungen:

   a) Definition: Unter einer Bruchgleichung wird eine Gleichung verstanden, in der die Unbekannte im Nenner eines Bruchs auftritt.

   b) Besonderheit bei der Bestimmung der Definitionsmenge: Beachten Sie, dass Nennergrößen stets ungleich Null sind!

   c) Besonderheit beim Lösen der Gleichung: Brüche durch Multiplikation der Gleichung mit den Nennergrößen auflösen!

7. Wurzelgleichungen:

   a) Definition: Unter einer Wurzelgleichung wird eine Gleichung verstanden, in der die Unbekannte als Argument von Wurzeln auftritt.

   b) Besonderheit bei der Bestimmung der Definitionsmenge: Beachten Sie, dass Wurzelargumente nicht negativ sind!

   c) Besonderheit bei der Angabe der Lösungsmenge: Eine Proberechnung ist zwingend erforderlich!

8. Logarithmische Gleichungen:

   a) Definition: Unter einer Logarithmischen Gleichung wird eine Gleichung verstanden, in der die Unbekannte als Argument des Logarithmus auftritt.

   b) Besonderheit bei der Bestimmung der Definitionsmenge: Beachten Sie, dass Argumente des Logarithmus immer größer Null sind!

   c) Rechenregeln:

      i. $\log_a x = \log_a y \quad \leftrightarrow \quad x = y$

      ii. $a^x = a^y \quad \leftrightarrow \quad x = y$

      iii. $b = \log_a(a^b)$

      iv. $a^{\log_a b} = a^{\frac{\ln b}{\ln a}} = b$

9. Exponentialgleichung: Unter einer Exponentialgleichung wird eine Gleichung verstanden, in der die Unbekannte im Exponenten einer Potenz auftritt.

10. Vorgehensweise beim Substitutionsverfahren:

   a) Bestimmung der Definitionsmenge

   b) Substitution

   c) Lösen der "neuen" Gleichung

   d) Rücksubstitution

   e) Angabe der Lösungsmenge

11. Linearer Gleichungssysteme:

   a) Definition: Seien $a_{11}, a_{12}, a_{21}, a_{22}, b_1, b_2 \in \mathbb{R}$. Dann bezeichnet man

   $$a_{11}x_1 + a_{12}x_2 = b_1$$
   $$a_{21}x_1 + a_{22}x_2 = b_2$$

   als lineares Gleichungssystem mit zwei Unbekannten x_1 und x_2. Der Definitionbereich beträgt $\mathbb{D} = \mathbb{R} \times \mathbb{R} = \mathbb{R}^2$.

   b) Lösung mit Hilfe eines graphischen Ansatzes: Zeichnen Sie die beiden Geraden und lesen Sie ihren Schnittpunkt ab!

   c) Lösung mit Hilfe des Einsetzverfahrens:

      i. Auflösen einer der Gleichungen nach einer der beiden Unbekannten

      ii. Einsetzen des Resultats in die zweite Gleichung

      iii. Lösen einer Gleichung mit einer Unbekannten

   d) Lösung mit Hilfe des Additionsverfahrens: Ziel ist die Elimination einer der beiden Unbekannten durch Addition der einen Gleichung mit der anderen (ggf. auch von Vielfachen davon).

3.2 Übungsaufgaben mit Lösungsvorlagen

3.2.1 Beispiel zum Lösen Linearer Gleichungen

Lösen Sie die Gleichung

$$-5(3x - 2) = 16(1 - x)$$

Zunächst multiplizieren wir auf beiden Seiten aus und bringen anschließend alle Ausdrücke mit "x" auf eine Seite. Beachten Sie, dass eine Gleichung immer dann unverändert bleibt, wenn die Rechenoperation hinter dem | auch auf beiden Seiten der Gleichung durchgeführt wird.

3.2.2 Beispiele zum Lösen Quadratischer Gleichungen

Beispiel 1:

Lösen Sie die Gleichung

$$5x^2 - 3x + 1 = 2x^2 - 4$$

und bestimmen Sie die Lösungsmenge!

In einem ersten Schritt bringen wir zunächst alle Ausdrücke mit "x^2" und x auf eine gemeinsame Seite und erhalten auf der anderen Seite der Gleichung damit den Wert "0":

Jetzt wenden wir die Mitternachtsformel an, wobei

gilt. Wegen

ist die Diskriminante negativ, es gibt für die Gleichung also keine gültige Lösung:

$$\mathbb{L} = \{\}$$

Beispiel 2:

Lösen Sie die Gleichung

$$8x^2 - 6x + 1 = 0$$

und bestimmen Sie die Lösungsmenge!

Der erste Schritt des o.g. Lösungsverfahrens ist unnötig, da die rechte Seite der Gleichung bereits "0" beträgt und wir anders ausgedrückt die Nullstellen der Funktion $f(x) = 8x^2 - 6x + 1$ bestimmen. Wir können also unmittelbar die Mitternachtsformel anwenden. Wegen hat die Gleichung zwei Lösungen

und es gilt:

$$\mathbb{L} = \left\{ \frac{1}{2}; \frac{1}{4} \right\}$$

Beispiel 3:

Lösen Sie die Gleichung

$$9x^2 + 6x + 1 = 0$$

und bestimmen Sie die Lösungsmenge!

Wir gehen analog vor und erkennen, dass die Gleichung wegen

eine Lösung besitzt:

Daher gilt:

$$\mathbb{L} = \left\{ -\frac{1}{3} \right\}$$

3.2.3 Beispiel zum Lösen von Bruchgleichungen

Lösen Sie die Gleichung

$$\frac{x-1}{x-3} = \frac{2x-5}{x-3} + 5$$

und bestimmen Sie die Lösungsmenge!

Lösungsverfahren:

1. Definitionsmenge:
   Bei Bruchgleichungen gibt es (anders als bei quadratischen Gleichungen) ggf. Einschränkungen bei der Lösungsmenge. Daher ermitteln wir zunächst die Definitionsmenge und achten darauf, dass für "x" keine Werte eingesetzt werden dürfen, die im Nenner eines Bruchs zum Wert "0" führen. In unserem Beispiel wäre dies für

   der Fall. Aus diesem Grund schließen wir diesen Wert aus und erhalten als Definitionsmenge:

2. Lösen der Gleichung:

   a) Zunächst geht es darum, den Bruch aufzulösen. Dies geschieht, in dem wir die Bruchgleichung mit dem Nenner $x - 3$ multiplizieren:

   b) Anschließend multiplizieren aus und vereinfachen:

c) Wie sich zeigt, können wir die ursprüngliche Bruchgleichung in eine lineare Gleichung umwandeln und erhalten
als Lösung:

3. Lösungsmenge:
Im dritten Schritt bestimmen wir die Lösungsmenge und erkennen, dass $x^* = \frac{19}{6}$ Teil der Definitionsmenge ist und damit
eine zulässige Lösung darstellt. Somit gilt:

$$\mathbb{L} = \left\{ \frac{19}{6} \right\}$$

3.2.4 Beispiel zum Lösen von Wurzelgleichungen

Lösen Sie die Gleichung

$$\sqrt{x + 8} - x = 2$$

und bestimmen Sie die Lösungsmenge!

Lösungsverfahren:

1. Definitionsmenge:
   Bei Wurzelgleichungen gilt es zu beachten, dass nur solche "x"-Werte zulässig sind, die unter der Wurzel zu einem Ausdruck ≥ 0 führen. In unserem Beispiel wird $x + 8$ größer oder gleich 0, falls

   gilt. Somit ergibt sich als Definitionsmenge:

2. Lösen der Gleichung:

   a) In einem ersten Schritt isolieren wir den Wurzelausdruck auf einer Seite der Gleichung, d.h.:

   b) Anschließend eliminieren wir die Wurzel, indem die Gleichung quadriert wird. Ganz besonders gilt es dabei zu beachten, den kompletten Ausdruck auf der rechten Seite der Gleichung zu quadrieren (Binomische Formel!):

c) Wie man sieht, ergibt sich eine quadratische Gleichung, auf die wir unser bekanntes Lösungsverfahren anwenden können:

Der Faktorisierungsansatz nach Vieta liefert schließlich

und damit unmittelbar die beiden potentiellen Lösungen

$$x_1^* = -4 \quad \text{und} \quad x_2^* = 1.$$

Die gleichen Lösungen erhält man natürlich auch durch eine Anwendung der Mitternachtsformel.

3. Probe:
Bei Wurzelgleichungen ist es dringend erforderlich eine Proberechnung vorzunehmen. Durch die Quadrierung in Schritt 2b) können sich nämlich auch falsche Lösungen "einschleichen", die nur über die Probe auch als solche identifiziert werden können. Zur Probe setzen wir die beiden potentiellen Lösungen x_1^* und x_2^* in die Ausgangsgleichung ein und überprüfen, ob die Gleichung dann erfüllt ist:

a) Für $x_1^* = -4$ gilt:

b) Für $x_2^* = 1$ gilt:

4. Lösungsmenge
Da die einzige zulässige Lösung $x_2^* = 1$ Teil der Definitionsmenge ist (siehe Schritt 1), gilt schließlich:

$$\mathbb{L} = \{1\}$$

3.2.5 Beispiel zum Lösen von Logarithmusgleichungen

Lösen Sie die Gleichung

$$\ln x - \frac{1}{2}\ln(3x - 2) = 0$$

und bestimmen Sie die Lösungsmenge!

Lösungsverfahren:

1. Definitionsmenge:
   Bei Logarithmusgleichungen muss beachtet werden, dass im Argument des Logarithmus nur Ausdrücke größer Null auftreten dürfen. In unserem Fall muss also zum einen $x > 0$ und zum anderen auch $3x - 2 > 0$ gelten. Aus der zweiten Bedingung folgt unmittelbar

   und damit schließlich:

2. Lösen der Gleichung:

   a) Vorrangiges Ziel ist es zunächst, den Logarithmus aufzulösen. Dies geschieht beispielsweise dadurch, dass wir die Logarithmusgesetze anwenden und die Gleichung zu

   umformen.

b) Da sich die komplette linke und die komplette rechte Seite der Gleichung auf einen Logarithmus (mit der gleichen Basis) beziehen, kann die Gleichung nur erfüllt sein, wenn sich die beiden Logarithmus-Argumente entsprechen. Damit gilt:

Mit anderen Worten liegt eine Wurzelgleichung vor, die wir mit dem Verfahren aus Kapitel 3.2.4 lösen können.

c) Eine Quadrierung der Gleichung liefert

und damit zwei mögliche Lösungen

d) Auch nach der Probe bleiben diese beiden Lösungen zulässig, denn es gilt

   i. für $x_1^* = 2$:

   ii. für $x_2^* = 1$:

3. Lösungsmenge:
   Da beide potentiellen Lösungen Bestandteil der Definitionsmenge sind, ergibt sich als Lösungsmenge:

$$\mathbb{L} = \{1; 2\}$$

3.2.6 Beispiel zum Lösen von Exponentialgleichungen

Lösen Sie die Gleichung

$$3^{x+3} - 2 \cdot 5^x = 5^{x+1} + 2 \cdot (3^x + 5^x)$$

und bestimmen Sie die Lösungsmenge!

Lösungsverfahren:

1. Definitionsmenge:
   Bei Exponentialgleichungen gibt es bei der Definitionsmenge keine Einschränkungen zu beachten, so dass

   $$\mathbb{D} = \mathbb{R}$$

   gilt.

2. Lösen der Gleichung:

   a) In einem ersten Schritt sind alle Ausdrücke mit "x" auf einer Seite der Gleichung zusammenzufassen. Dies geschieht durch Anwendung der Potenzgesetze:

   b) Da eine Exponentialgleichung $a^x = b$ mit $a > 0$, $a \neq 1$, $b > 0$ die selben Lösungen aufweist wie die Logarithmusgleichung $x = \log_a b$, folgt unmittelbar:

3. Lösungsmenge:
   Die Lösung ist Teil der Definitionsmenge, d.h. es gilt:

   $$\mathbb{L} = \{2\}$$

3.2.7 Beispiel zum Substitutionsverfahren

Lösen Sie die Gleichung

$$4\left[\lg(x+80)\right]^2 - 16\lg(x+80) + 16 = 0$$

und bestimmen Sie die Lösungsmenge!

Lösungsverfahren:

1. Definitionsmenge:
   In Anlehnung an Abschnitt 3.2.5 gilt:

2. Lösen der Gleichung mit Hilfe des Substitutionsverfahrens:

   a) Wir substituieren

   und erhalten die Quadratische Gleichung:

   b) Zur Lösung der Gleichung greifen wir auf die Mitternachtsformel zurück und erhalten wegen

   eine mögliche Lösung:

   c) Anschließend führen wir eine Rücksubstitution durch und erhalten folgende Logarithmusgleichung:

Daraus ergibt sich unmittelbar:

3. Da sich die Lösung im zulässigen Definitionsbereich befindet, gilt:

$$\mathbb{L} = \{20\}$$

3.2.8 Beispiele zum Einsetzverfahren

Beispiel 1

Lösen Sie das lineare Gleichungssystem

$$x_1 - x_2 = -3$$
$$-x_1 - x_2 = -1$$

und bestimmen Sie die Lösungsmenge!

Lösungsverfahren:

1. Auflösen einer der Gleichungen nach x_1:
   Wir lösen die erste Gleichung nach x_1 auf und erhalten:

2. Einsetzen in die zweite Gleichung:
   Setzen wir das Endergebnis aus Schritt 1) in die zweite Gleichung ein, ergibt sich:

3. Lösen der neuen Gleichung:
   Aus Schritt 2) ergibt sich eine lineare Gleichung mit einer Unbekannten (x_2). Wir lösen nach x_2 auf und erhalten:

4. Der zweite Punkt x_1 ergibt sich, in dem wir das Ergebnis x_2^* in das Endergebnis aus Schritt 1) einsetzen. Somit gilt

und damit:
$$\mathbb{L} = \{(-1; 2)\}$$

Beispiel 2

Lösen Sie das lineare Gleichungssystem

$$\begin{aligned} 2x_1 - 3 &= -3x_2 \\ 6x_1 + 1 &= -6x_2 \end{aligned}$$

und bestimmen Sie die Lösungsmenge!

Lösungsverfahren:

1. Auflösen einer der Gleichungen nach x_1:
   Wir lösen die erste Gleichung nach x_1 auf und erhalten:

2. Einsetzen in die zweite Gleichung:
   Setzen wir das Endergebnis aus Schritt 1) in die zweite Gleichung ein, ergibt sich:

3. Lösen der neuen Gleichung:
   Aus Schritt 2) ergibt sich eine lineare Gleichung mit einer Un-

bekannten (x_2). Wir lösen nach x_2 auf und erhalten:

4. Der zweite Punkt x_1 ergibt sich, in dem wir das Ergebnis x_2^* in das Endergebnis aus Schritt 1) einsetzen. Somit gilt

und damit:

$$\mathbb{L} = \left\{ \left(-3\frac{1}{2}; \frac{10}{3} \right) \right\}$$

3.2.9 Beispiele zum Additionsverfahren

Beispiel 1

Lösen Sie das lineare Gleichungssystem

$$x_1 - x_2 = -3$$
$$-x_1 - x_2 = -1$$

und bestimmen Sie die Lösungsmenge!

Lösungsverfahren:

1. Addition/Subtraktion der beiden Gleichungen:
   Der erste Schritt verfolgt das Ziel, eine der beiden Unbekannten durch Addition der einen Gleichung zu der anderen (ggf. auch von Vielfachen davon) zu eliminieren. Eine Addition der beiden Gleichungen liefert:

2. Auflösen der neuen Gleichung:
   Es ergibt sich eine lineare Gleichung mit einer Unbekannten (hier x_2), für die gilt:

3. Einsetzen und Auflösen:
   Die zweite Koordinate erhalten wir durch Einsetzen von x_2^* in eine der beiden Ausgangsgleichungen. Damit gilt

   und schließich:

$$\mathbb{L} = \{(-1; 2)\}$$

Beispiel 2

Lösen Sie das lineare Gleichungssystem

$$2x_1 - 3 = -3x_2$$
$$6x_1 + 1 = -6x_2$$

und bestimmen Sie die Lösungsmenge!

Lösungsverfahren:

1. Addition/Subtraktion der beiden Gleichungen:
   Wir multiplizieren die erste Gleichung mit -3 und erhalten das lineare Gleichungssystem:

   Anschließend führen wir eine Addition der beiden Gleichungen durch und erreichen damit eine Elimination der Unbekannten x_1:

2. Auflösen der neuen Gleichung:
   Bei dem Resultat aus Schritt 1) handelt es sich um eine lineare Gleichung mit einer Unbekannten (hier x_2), für die gilt:

3. Einsetzen und Auflösen:
   Die zweite Koordinate ergibt sich durch Einsetzen von x_2^* in eine der beiden Ausgangsgleichungen. Damit gilt

und schließich:

$$\mathbb{L} = \left\{ \left(-3\frac{1}{2}; \frac{10}{3} \right) \right\}$$

3.3 Übungsaufgaben

3.3.1 Aufgabe 1

Lösen Sie folgende lineare Gleichungen. Geben Sie die Lösungsmenge an!

1. $4x + (2x - 3) = 3$

2. $(3 - x) + (6x - 1) = 5x + 2$

3. $4(1 + 2x) = 3 + 2(1 + 4x)$

4. $x(3 + 4) + 14 = 7(x + 2)$

3.3.2 Aufgabe 2

Bestimmen Sie die Lösungsmenge der folgenden quadratischen Gleichungen:

1. $(x + 3)(x + 4) = 0$

2. $x^2 - 9 = 0$

3. $2x^2 = 6x$

4. $x^2 - 2x + 1 = 0$

5. $x^2 - 4x + 3 = 0$

6. $x^2 - 3x + \frac{9}{4} = 0$

7. $x^2 + 10x + 50 = 0$

8. $3x^2 + 3x - 18 = 0$

3.3.3 Aufgabe 3

Stellen Sie jeweils eine quadratische Gleichung in Normalform auf, die folgende Lösungen besitzt:

1. $x_1^* = 3$ und $x_2^* = -3$

2. $x_1^* = 4$ und $x_2^* = 4$

3. $x_1^* = 1 + \sqrt{3}$ und $x_2^* = 1 - \sqrt{3}$

4. $x_1^* = 2$ und $x_2^* = -5$

3.3.4 Aufgabe 4

Lösen Sie folgende Gleichungen und geben Sie die Lösungsmenge an!

1. $\frac{x+2}{x-2} - \frac{8}{x^2-2x} = \frac{2}{x}$

2. $\frac{z}{z-5} + \frac{1}{3} = -\frac{5}{5-z}$

3. $\frac{x-3}{x+3} = \frac{x-4}{x+4}$

4. $\frac{3}{x-3} - \frac{2}{x+3} = \frac{9}{x^2-9}$

5. $\frac{4}{x} + \frac{3}{x+2} = \frac{2x+2}{x^2+2x} + \frac{7}{2x+4}$

6. $\sqrt{2x+1} = x - 17$

7. $\frac{5-x}{\sqrt{x^2-5x-7}} = \frac{-\sqrt{91}}{13}$

8. $\sqrt{x+1} + \sqrt{2-x} = \sqrt{6}$

9. $\sqrt{8x+1} + 2x = 4x - 11$

10. $3^{4x} = 9^{x+2}$

11. $32 \cdot 2^x = 64^x \cdot 16^{-x}$

12. $4^{6x} - 18 \cdot 4^{3x} + 32 = 0$

13. $\frac{6\lg(99x+10)+2}{\lg(99x+10)-1} = 10$

14. $16\left[\lg(x+30)\right]^2 - 64\lg(x+30) + 64 = 0$

15. $x^{\lg x} + 100x^{-\lg x} - 20 = 0$

16. $x^{\log_2 x} + 32x^{-\log_2 x} = 18$

3.3.5 Aufgabe 5

Lösen Sie folgende lineare Gleichungssysteme mit dem Einsetz- und Additionsverfahren und geben Sie die Lösungsmenge an!

1.
I) $\quad x_1 - 3x_2 \quad = \quad -1$
II) $\quad -4x_1 + 5x_2 \quad = \quad -3$

2.
I) $\quad 4x_1 - 3x_2 \quad = \quad 3$
II) $\quad -8x_1 + 6x_2 \quad = \quad 0$

3.
I) $4x_1 - 3x_2 = 3$
II) $8x_1 - 6x_2 = 6$

4.
I) $4x_1 - 3x_2 = 1$
II) $2x_1 + 9x_2 = 4$

5.
I) $x_1 - 3x_2 = -25$
II) $4x_1 + 5x_2 = 19$

6.
I) $23x_1 + 45x_2 = 181$
II) $10x_1 + 15x_2 = 65$

3.3.6 Aufgabe 6

Bestimmen Sie die Nullstellen folgender Funktionen:

1. Funktion aus Aufgabe 2.3.4

2. Funktion aus Aufgabe 2.3.5

3. $f(x) = \frac{1}{2}x^3 - x^2 + \frac{1}{2}x - 1$

4. $f(x) = x^4 - x^3 - 7x^2 + x + 6$

5. $f(x) = \frac{1}{4}x^3 - \frac{1}{4}x^2 - x + 1$

3.3.7 Aufgabe 7

Bestimmen Sie die Gleichung der Parabel $f(x) = ax^2 + bx + c$, die durch die drei Punkte $(1; -3)$,$(0; -6)$ und $(3; 15)$ verläuft.

3.3.8 Aufgabe 8

Die kubische Funktion $f(x) = \frac{1}{4}x^3 - x^2 - \frac{11}{4}x + \frac{15}{2}$ hat drei reelle Nullstellen. Eine davon ist $x = 2$. Bestimmen Sie die beiden anderen!

3.4 Lösungen zu den Übungsaufgaben

Aufgabe 1

1. $\mathbb{L} = \{1\}$

2. $\mathbb{L} = \mathbb{R}$

3. $\mathbb{L} = \{\}$

4. $\mathbb{L} = \mathbb{R}$

Aufgabe 2

1. $\mathbb{L} = \{-4; -3\}$

2. $\mathbb{L} = \{-3; 3\}$

3. $\mathbb{L} = \{0; 3\}$

4. $\mathbb{L} = \{1\}$

5. $\mathbb{L} = \{1; 3\}$

6. $\mathbb{L} = \{\frac{3}{2}\}$

7. $\mathbb{L} = \{\}$

8. $\mathbb{L} = \{-3; 2\}$

Aufgabe 3

1. $x^2 - 9 = 0$

2. $x^2 - 8x + 16 = 0$

3. $x^2 - 2x - 2 = 0$

4. $x^2 + 3x - 10 = 0$

Aufgabe 4

1. $\mathbb{L} = \{-2\}$

2. $\mathbb{L} = \{\}$

3. $\mathbb{L} = \{0\}$

4. $\mathbb{L} = \{-6\}$

5. $\mathbb{L} = \{-4\}$

6. $\mathbb{L} = \{24\}$

7. $\mathbb{L} = \left\{\frac{22}{3}; \frac{17}{2}\right\}$

8. $\mathbb{L} = \{0, 5\}$

9. $\mathbb{L} = \{10\}$

10. $\mathbb{L} = \{2\}$

11. $\mathbb{L} = \{5\}$

12. $\mathbb{L} = \left\{\frac{1}{6}; \frac{2}{3}\right\}$

13. $\mathbb{L} = \{10\}$

14. $\mathbb{L} = \{70\}$

15. $\mathbb{L} = \left\{\frac{1}{10}; 10\right\}$

16. $\mathbb{L} = \left\{\frac{1}{4}; \frac{1}{2}; 2; 4\right\}$

Aufgabe 5

1. $\mathbb{L} = \{(2; 1)\}$

2. $\mathbb{L} = \{\}$

3. $\mathbb{L} = \mathbb{R}^2 = \left\{\left(x_1; \frac{4}{3}x_1 - 1\right)\right\}$

4. $\mathbb{L} = \left\{\left(\frac{1}{2}; \frac{1}{3}\right)\right\}$

5. $\mathbb{L} = \{(-4; 7)\}$

6. $\mathbb{L} = \{(2; 3)\}$

Aufgabe 6

1. $x = 3$ und $x = -1$

2. $x = 0$ und $x = 4$

3. $x = 2$

4. $x = -2$, $x = -1$, $x = 1$ und $x = 3$

5. $x = 1$, $x = 2$ und $x = -2$

Aufgabe 7

$f(x) = 2x^2 + x - 6$

Aufgabe 8

$x = -3$ und $x = 5$

4 Differentialrechnung

Nichts ist getan, wenn noch etwas zu tun übrig ist.

Carl Friedrich Gauss, deutscher Mathematiker, 1777 - 1855

4.1 Das Wichtigste in aller Kürze

In Kapitel vier setzen wir uns mit einfachen Ableitungen auseinander und gehen der Frage nach, wie sich Extrem- oder Wendepunkte einer Funktion bestimmen lassen. Darüber hinaus beschäftigt uns das Monotonieverhalten einer Funktion ebenso wie ihr Krümmungsverhalten:

1. Einfache Ableitungsregeln:

   a) Konstantenregel:

   $$f(x) = c \quad \rightarrow \quad f'(x) = 0$$

   b) Additive Konstanten:

   $$g(x) = \alpha + f(x) \quad \rightarrow \quad g'(x) = f'(x)$$

   c) Multiplikative Konstanten:

   $$g(x) = \lambda \cdot f(x) \quad \rightarrow \quad g'(x) = \lambda \cdot f'(x)$$

   d) Potenzregel:

   $$f(x) = x^n \quad \rightarrow \quad f'(x) = n \cdot x^{n-1}$$

2. Summenregel: Sind f und g zwei in x differenzierbare Funktionen, dann ist auch $f + g$ bzw. $f - g$ in x differenzierbar und es gilt:

   $$h(x) = f(x) \pm g(x) \quad \rightarrow \quad h'(x) = f'(x) \pm g'(x)$$

3. Produktregel: Sind f und g zwei in x differenzierbare Funktionen, dann ist auch $f \cdot g$ in x differenzierbar und es gilt:

$$h(x) = f(x) \cdot g(x) \qquad \rightarrow \qquad h'(x) = f'(x) \cdot g(x) + f(x) \cdot g'(x)$$

4. Quotientenregel: Sind f und g zwei in x differenzierbare Funktionen mit $g(x) \neq 0$, dann ist auch $\frac{f}{g}$ in x differenzierbar und es gilt:

$$h(x) = \frac{f(x)}{g(x)} \qquad \rightarrow \qquad h'(x) = \frac{f'(x) \cdot g(x) - f(x) \cdot g'(x)}{(g(x))^2}$$

5. Kettenregel: Ist g eine in x differenzierbare Funktion und f eine in $u = g(x)$ differenzierbare Funktion, dann ist auch $h(x) = f(g(x))$ in x differenzierbar und es gilt:

$$h(x) = f(g(x)) \qquad \rightarrow \qquad h'(x) = f'(g(x)) \cdot g'(x)$$

6. Ableitungsregel für Exponentialfunktionen:

$$f(x) = e^x \qquad \rightarrow \qquad f'(x) = e^x$$

7. Ableitungsregel für Logarithmusfunktionen:

$$f(x) = \ln x \qquad \rightarrow \qquad f'(x) = \frac{1}{x}$$

8. Steigungsverhalten: f sei stetig im Intervall $\mathbb{I} = [a; b]$ und differenzierbar in $(a; b)$. Dann gilt:

$$f \text{ monoton steigend in } [a; b] \quad \leftrightarrow \quad f'(x) \geq 0 \quad \text{für alle } x \in (a; b)$$

$$f \text{ monoton fallend in } [a; b] \quad \leftrightarrow \quad f'(x) \leq 0 \quad \text{für alle } x \in (a; b)$$

$$f \text{ konstant in } [a; b] \quad \leftrightarrow \quad f'(x) = 0 \quad \text{für alle } x \in (a; b)$$

9. Krümmungsverhalten: f sei stetig im Intervall $\mathbb{I} = [a; b]$ und zweimal differenzierbar in $(a; b)$. Dann gilt:

$$f \text{ konvex in } [a; b] \quad \leftrightarrow \quad f''(x) \geq 0 \quad \text{für alle } x \in (a; b)$$

$$f \text{ konkav in } [a; b] \quad \leftrightarrow \quad f''(x) \leq 0 \quad \text{für alle } x \in (a; b)$$

$$f \text{ ist eine Gerade} \quad \leftrightarrow \quad f''(x) = 0 \quad \text{für alle } x \in \mathbb{R}$$

10. Extremstellen der Funktion f: Sei f eine stetige und zweimal differenzierbare Funktion in $(a; b)$ und $x_0 \in (a; b)$ ein Punkt mit $f'(x_0) = 0$. Dann besitzt f in x_0 ein lokales Extremum, falls

$$f''(x_0) \neq 0$$

gilt. Genauer:

- Fall 1: $f''(x_0) < 0$: x_0 ist ein lokales Maximum
- Fall 2: $f''(x_0) > 0$: x_0 ist ein lokales Minimum

11. Wendepunkte der Funktion f: Sei f eine stetige und hinreichend oft differenzierbare Funktion in $(a; b)$ und $x_0 \in (a; b)$ ein Punkt mit $f''(x_0) = 0$. Dann heißt x_0 Wendepunkt der Funktion f, wenn eine der folgenden Bedingungen erfüllt ist:

- Vorzeichenwechsel von f'' an der Stelle x_0
- $f'''(x_0) \neq 0$

4.2 Übungsaufgaben mit Lösungsvorlagen

4.2.1 Beispiele zur Anwendung der Ableitungsregeln

Leiten Sie ab und vereinfachen Sie so weit wie möglich:

1. $f(x) = x^5$

   Es greift die Potenzregel, d.h. es gilt:

2. $f(x) = 5$

   Bei der Funktion handelt es sich um eine konstante Funktion, d.h. um eine Funktion mit der Steigung "0". Dieses Resultat bestätigt auch die Ableitung, denn es gilt die Grundregel 1) und damit:

3. $f(x) = 3x^7$

   Zur Ableitung von f wenden wir die Grundregeln 3) und 4) an und erhalten:

4. $f(x) = \frac{x^{90}}{90}$

   Die Funktion kann übersichtlicher als

   dargestellt werden. Zur Bildung der ersten Ableitung greifen wir erneut auf die Grundregeln 3) und 4) zurück und erhalten analog zu oben:

5. $f(x) = \frac{A}{\sqrt{x}}$

   Wir wandeln den Wurzelausdruck zunächst in eine Potenz um und erhalten:

   Bei A handelt es sich um eine multiplikative Konstante, die im Sinne der Grundregel 3) erhalten bleibt. Eine Anwendung der beiden Grundregeln 3) und 4) liefert schließlich:

6. $f(x) = x^2 + 3x - 5$

   Zur Ableitung von f benutzen wir neben der Summenregel auch die Grundregeln 2), 3) und 4). Somit gilt:

7. $f(x) = 3x^8 + \frac{1}{100}x^{100}$

   Wir gehen analog zur Teilaufgabe 6 vor und erhalten:

8. $f(x) = 3(x + 3)^2 - 4x$

   Wir formen die Funktion unter Beachtung der ersten Binomischen Formel in

   um und greifen schließlich auf die Summenregel zurück:

9. $f(x) = \left(x^3 - x\right) \cdot \left(5x^4 + x^2\right)$

Zur Bildung der ersten Ableitung greifen wir auf die Produkt-regel zurück und erhalten:

10. $f(x) = \frac{3x-5}{x-2}$

Im Sinne der Quotientenregel gilt:

11. $h(x) = \left(1 - x^3\right)^5$

Gemäß der Kettenregel gilt

$$h'(x) = f'\left(g(x)\right) \cdot g'(x)$$

und damit:

12. $f(x) = x^3 + e^x$

Die Ableitung von e^x bleibt e^x. Zusammen mit der Summen- und Potenzregel gilt somit:

13. $f(x) = \frac{e^x}{x}$

Da x im Zähler und Nenner vorkommt, wenden wir die Quotientenregel an und erhalten:

14. $f(x) = a^x, (a > 0)$

Wir kennen nur eine Ableitungsregel für den Spezialfall e^x, nicht aber allgemein für a^x. Aus diesem Grund ersetzen wir a durch $a = e^{log_e a} = e^{\ln a}$ und erhalten:

Während wir die Exponentialfunktion mit Hilfe der bekannten Regel ableiten, ist $\ln a$ eine multiplikative Konstante, d.h. hier greift die Grundregel 3. Zudem gilt die Kettenregel, so dass wir

erhalten. Erneut ersetzen wir $e^{\ln a}$ durch a, so dass schließlich

$$f'(x) = \ln a \cdot a^x$$

gilt.

15. $f(x) = x^3 + \ln x$

Zur Bildung der ersten Ableitung greifen wir auf die Summen- und Potenzregel, sowie auf die Ableitungsregel des Logarithmus zurück und erhalten:

16. $f(x) = \ln(4 - x^2)$

Unter Berücksichtigung der Kettenregel ergibt sich als Ableitung:

17. $f(x) = \ln\left(\frac{x-1}{x+1}\right)$

Im Anschluss an die Ableitungsregel für den Logarithmus ist die Quotientenregel anzuwenden, so dass

gilt.

18. $f(x) = \log_a x, (a > 0)$

Die Ableitungsregel für den Logarithmus gilt ausschließlich für die Basis e, d.h. für den natürlichen Logarithmus. Um die vorliegende Funktion überhaupt ableiten zu können, ist eine Basistransformation notwendig, bei der wir die Logarithmusregel L4) heranziehen. Im Sinn von L4) gilt:

Der Faktor $\frac{1}{\ln a}$ ist eine multiplikative Konstante, die gemäß der Grundregel 3) erhalten bleibt. Somit gilt:

4.2.2 Beispiele zur Kurvendiskussion

Beispiel 1

Gegeben sei die Funktion

$$f(x) = xe^{-x}$$

1. Bestimmen Sie das Monotonieverhalten der Funktion $f(x)$!
   Zur Bestimmung des Monotonieverhaltens bilden wir zunächst die erste Ableitung von f. Hierzu greifen wir auf die Produkt- und Kettenregel, sowie auf die Ableitungsregel für Exponentialfunktionen zurück und erhalten:

   Zur Prüfung des Monotonieverhaltens ist es wichtig zu sehen, in welchen Bereichen die erste Ableitung positiv oder negativ ist, d.h. $f'(x) \geq 0$ bzw. $f'(x) \leq 0$ gilt. Um dies leichter zu erkennen, ermitteln wir zunächst die Nullstelle der ersten Ableitung. Wie wir wissen ist die Exponentialfunktion stets positiv, sie hat also keine Nullstelle. Der zweite Faktor $(1 - x)$ weist hingegen eine Nullstelle auf:

   Somit gilt: Die erste Ableitung $f'(x) = e^{-x}(1 - x)$ wird Null für $x_1 = 1$ und damit:

   a) Fall 1: Für $x \leq 1$:

   d.h. $f(x)$ ist monoton steigend für $x \leq 1$

   b) Fall 2: Für $x \geq 1$:

   d.h. $f(x)$ ist monoton fallend für $x \geq 1$

2. Ermitteln Sie die Extremstellen von $f(x)$!
   In Teilaufgabe 1 haben wir gesehen, dass f' an der Stelle $x_1 = 1$ eine Nullstelle hat, d.h.

   $$f'(x_1) = 0$$

gilt. Dies ist die Voraussetzung zur Ermittlung möglicher Extremstellen, die wir auf zwei unterschiedliche Wege bestimmen können:

a) Argumentation über das Monotonieverhalten:
Neben der Tatsache, dass $f'(x_1) = 0$ gilt, liegt bei f' an eben jener Stelle $x_1 = 1$ ein Vorzeichenwechsel von $+$ nach $-$ vor. f besitzt daher an der Stelle $x_1 = 1$ ein lokales Maximum.

b) Argumentation über die zweite Ableitung:
Die zweite Ableitung lautet:

Setzen wir $x_1 = 1$ in f'' ein, ergibt sich

und damit schließlich:

f hat an der Stelle $x_1 = 1$ somit ein lokales Maximum.

3. In welchen Bereichen ist die Funktion $f(x)$ konvex bzw. konkav?
Zur Überprüfung des Krümmungsverhaltens untersuchen wir die zweite Ableitung $f''(x) = e^{-x}(x - 2)$ auf mögliche Vorzeichenwechsel. Wir gehen analog zu Teilaufgabe 1) vor und erkennen, dass $f''(x) = 0$ für

gilt. Daraus ergibt sich folgende Fallunterscheidung:

a) Fall 1: Für $x \leq 2$:

d.h. $f(x)$ ist konkav für $x \leq 2$

b) Fall 2: Für $x \geq 2$:

d.h. $f(x)$ ist konvex für $x \geq 2$

4. Bestimmen Sie die Wendepunkte von $f(x)$!
In Teilaufgabe 3 haben wir gesehen, dass f'' an der Stelle $x_2 = 2$ eine Nullstelle hat, d.h.

gilt. Dies ist die Voraussetzung zur Ermittlung möglicher Wendepunkte, die wir auf zwei unterschiedliche Wege bestimmen können:

a) Argumentation über das Krümmungsverhalten:
Neben der Tatsache, dass $f''(x_2) = 0$ gilt, erfolgt bei f'' an eben jener Stelle $x_2 = 2$ ein Vorzeichenwechsel. f besitzt daher an der Stelle $x_2 = 2$ einen Wendepunkt.

b) Argumentation über die dritte Ableitung:
Die dritte Ableitung lautet:

Setzen wir $x_2 = 2$ in f''' ein, ergibt sich

und damit schließlich:

f hat an der Stelle $x_2 = 2$ somit einen Wendepunkt.

5. Zeichnen Sie die Funktion $f(x)$ in folgende Vorlage:

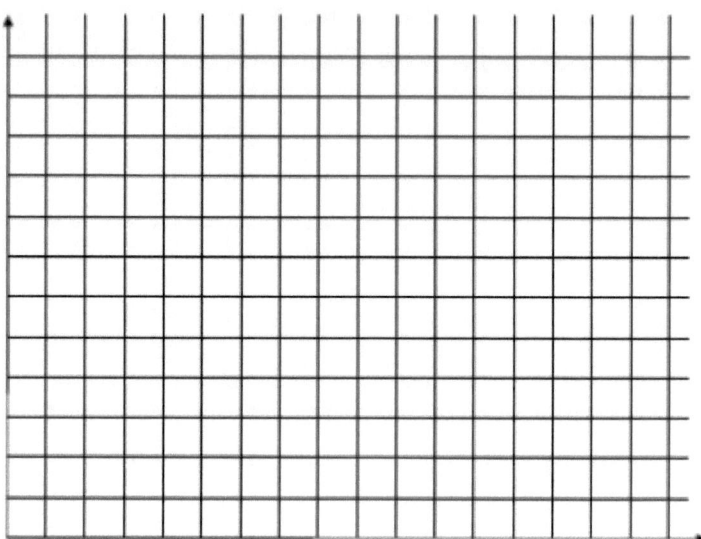

Beispiel 2

Gegeben sei die Funktion $f : \mathbb{R} \to \mathbb{R}$ mit

$$f(x) = e^{-(x-2)^2}$$

1. Bestimmen Sie das Monotonieverhalten der Funktion $f(x)$!
   Unter Anwendung der Kettenregel gilt für die erste Ableitung:

   Um das Monotonieverhalten zu ermitteln, bestimmen wir zunächst mögliche Nullstellen von f'. Da Exponentialfunktionen immer positiv sind und keine Nullstellen aufweisen, kann $f'(x) = 0$ nur dann gelten, wenn der letzte Faktor den Wert "0" annimmt, d.h.

   gilt.

   a) Fall 1: Für $x \leq 2$:

   d.h. $f(x)$ ist monoton steigend für $x \leq 2$.

   b) Fall 2: Für $x \geq 2$:

   d.h. $f(x)$ ist monoton fallend für $x \geq 2$.

2. Ermitteln Sie die Extremstellen von $f(x)$!
   Aus der Tatsache, dass die erste Ableitung $f'(x)$ an der Stelle $x = 2$ ihr Vorzeichen von + nach - wechselt (siehe Teilaufgabe 1), folgt unmittelbar ein lokales Maximum der Funktion f an der Stelle

   Das gleiche Resultat erhalten wir auch mit Hilfe der Argumentation über die zweite Ableitung. Unter Beachtung der Produkt- und Kettenregel erhalten wir

und damit schließlich:

Setzen wir $x_1 = 2$ in f'' ein, ergibt sich:

f hat somit an der Stelle $x_1 = 2$ ein lokales Maximum.

3. In welchen Bereichen ist die Funktion $f(x)$ konvex bzw. konkav?

Zur Überprüfung des Krümmungsverhaltens untersuchen wir die zweite Ableitung $f''(x)$ auf mögliche Vorzeichenwechsel. Da Exponentialfunktionen keine Nullstellen aufweisen, genügt es, den zweiten Faktor auf Nullstellen zu untersuchen, d.h.:

$$4x^2 - 16x + 14 = 0$$

Eine Anwendung der Mitternachtsformel ergibt zwei Lösungen

und damit folgend Fallunterscheidung:

  a) Fall 1: Für $x < 1,3$:

     d.h. $f(x)$ ist konvex für $x \in (-\infty; 1,3)$

  b) Fall 2: Für $1,3 < x < 2,7$:

     d.h. $f(x)$ ist konkav für $x \in (1,3; 2,7)$

c) Fall 3: Für $x > 2,7$:

d.h. $f(x)$ ist konvex für $x \in (2,7; \infty)$

4. Bestimmen Sie die Wendepunkte von $f(x)$!
   Da an den Stellen $x_2^* = 1,3$ und $x_3^* = 2,7$ ein Vorzeichenwechsel bei der zweiten Ableitung f'' eintritt, besitzt f an diesen beiden Stellen somit unmittelbar einen Wendepunkt und es gilt:

bzw.

Eine Argumentation über die dritte Ableitung bestätigt dieses Ergebnis:

Setzen wir $x_2^* = 1,3$ bzw. $x_3^* = 2,7$ in f''' ein, ergibt sich

und

und damit schließlich die beiden Wendepunkte.

5. Zeichnen Sie die Funktion $f(x)$ und nutzen Sie dazu die folgende Vorlage:

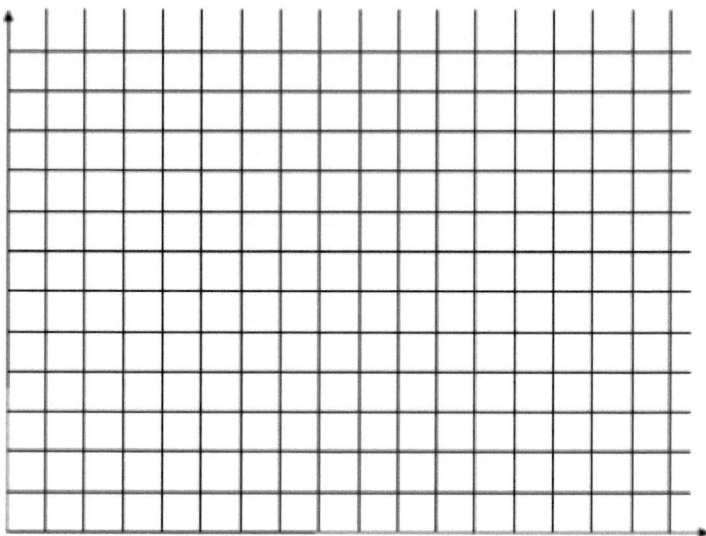

4.3 Übungsaufgaben

4.3.1 Aufgabe 1

Gegeben sei die Funktion $f(x) = 3x^2 + 2x - 1$.

1. Zeigen Sie, dass für $\Delta x \neq 0$ gilt:

$$\frac{f(x + \Delta x) - f(x)}{\Delta x} = 6x + 2 + 3\Delta x$$

2. Nutzen Sie dieses Resultat zur Ermittlung von $f'(x)$!

3. Bestimmen Sie $f'(0)$, $f'(-2)$ und $f'(3)$!

4. Ermitteln Sie die Gleichung der Tangente an den Graphen im Punkt $(0; -1)$

4.3.2 Aufgabe 2

Bestimmen Sie von folgenden Funktionen die erste Ableitung:

1. $f(x) = \frac{1}{x^6}$

2. $f(x) = x^{-1} \left(x^2 + 1\right) \sqrt{x}$

3. $f(x) = \frac{1}{\sqrt{x^3}}$

4. $f(x) = \frac{x+1}{x-1}$

5. $f(x) = \frac{x+1}{x^5}$

6. $f(x) = \frac{3x-5}{2x+8}$

7. $f(x) = 3x^{-11}$

8. $f(x) = \frac{3x-1}{x^2+x+1}$

9. $f(x) = \frac{\sqrt{x}-2}{\sqrt{x}+1}$

10. $f(x) = \frac{x^2-1}{x^2+1}$

11. $f(x) = \frac{x^2+x+1}{x^2-x+1}$

12. $f(x) = e^{e^x}$

13. $f(x) = e^{\frac{x}{2}} + e^{-\frac{x}{2}}$

14. $f(t) = \frac{1}{e^t + e^{-t}}$

15. $f(z) = \left(e^{z^3} - 1\right)^{\frac{1}{3}}$

16. $f(x) = \frac{x^2}{\ln x}$

17. $f(x) = (\ln x)^{10}$

18. $f(u) = \frac{2u+1}{u^2+3}$

19. $g(x) = \frac{2x}{x^2+2}$

20. $f(s) = \frac{s}{s^2+s-2}$

21. $f(x) = \lambda x^2 - \sqrt{x}$

22. $f(x) = e^{5x^3}$

23. $f(x) = 2 - x^4 e^{-x}$

24. $f(x) = \left(e^x + x^2\right)^{10}$

25. $f(x) = \ln\left(\sqrt{x} + 1\right)$

26. $h(u) = e^u \ln\left(u^2 + 2\right)$

4.3.3 Aufgabe 3

Bestimmen Sie für jede der folgenden Funktionen die Bereiche, in denen f monoton steigend ist:

1. $f(x) = 3x^2 - 12x + 13$

2. $f(x) = \frac{2x}{x^2+2}$

3. $f(x) = \frac{1}{4}\left(x^4 - 6x^2\right)$

4. $f(x) = \frac{x^2 - x^3}{2(x+1)}$

5. $f(x) = \ln\left(4 - x^2\right)$

6. $f(x) = x^3 \cdot \ln x$

7. $f(x) = \frac{(1 - \ln x)^2}{2x}$

4.3.4 Aufgabe 4

Bestimmen Sie die Tangentengleichung an die Graphen folgender Funktionen in den angegebenen Punkten:

1. $f(x) = 3 - x - x^2$ an der Stelle $x_0 = 1$

2. $f(x) = \frac{x^2-1}{x^2+1}$ an der Stelle $x_0 = 1$

3. $f(x) = \left(\frac{1}{x^2} + 1\right)\left(x^2 - 1\right)$ an der Stelle $x_0 = 2$

4.3.5 Aufgabe 5

Gegeben sei die Funktion f mit

$$f(x) = \frac{3x}{-x^2 + 4x - 1}$$

1. Wie lautet der Definitionsbereich $\mathbb{D}$?

2. Berechnen Sie $f'(x)$!

3. In welchen Bereichen ist f monoton steigend?

4.3.6 Aufgabe 6

Ermitteln Sie Definitionsbereich, Nullstellen, Extrem- und Wendepunkte folgender Funktionen:

1. $f_1(x) = \frac{1}{4}x^4 - 2x^2 - \frac{9}{4}$

2. $f_2(x) = -\frac{1}{3}x^3 + 4x$

3. $f_3(x) = \frac{1}{16}x^3 - \frac{3}{8}x^2 + 2$

4. $f_4(x) = -x^4 + \frac{9}{2}x^2 - \frac{81}{16}$

5. $f_5(x) = x^3 - 2x^2 - 8x$

6. $f_6(x) = (x - 3)\,e^x$

7. $f_7(x) = 10x \cdot e^{-\frac{1}{2}x^2}$

8. $f_8(x) = x \cdot \ln\left(x^2\right)$

4.4 Lösungen zu den Übungsaufgaben

Aufgabe 1

1. $\frac{f(x+\Delta x)-f(x)}{\Delta x} = 6x + 2 + 3\Delta x$

2. $f'(x) = 6x + 2$

3. $f'(0) = 2$, $f'(-2) = -10$ und $f'(3) = 20$

4. $f(x) = 2x - 1$

Aufgabe 2

1. $f'(x) = -6x^{-7}$

2. $f'(x) = \frac{3}{2}x^{0,5} - 0,5x^{-1,5}$

3. $f'(x) = -\frac{3}{2}x^{-\frac{5}{2}}$

4. $f'(x) = \frac{-2}{(x-1)^2}$

5. $f'(x) = -4x^{-5} - 5x^{-6}$

6. $f'(x) = \frac{34}{(2x+8)^2}$

7. $f'(x) = -33x^{-12}$

8. $f'(x) = \frac{-3x^2+2x+4}{(x^2+x+1)^2}$

9. $f'(x) = \frac{3}{2\sqrt{x}\left(\sqrt{x}+1\right)^2}$

10. $f'(x) = \frac{4x}{(x^2+1)^2}$

11. $f'(x) = \frac{-2x^2+2}{(x^2-x+1)^2}$

12. $f'(x) = e^{e^x+x}$

13. $f'(x) = \frac{1}{2}\left(e^{\frac{x}{2}} - e^{-\frac{x}{2}}\right)$

14. $f'(t) = -\frac{e^t-e^{-t}}{(e^t+e^{-t})^2}$

15. $f'(z) = z^2 e^{z^3}\left(e^{z^3} - 1\right)^{-\frac{2}{3}}$

16. $f'(x) = \frac{x(2\ln x - 1)}{(\ln x)^2}$

17. $f'(x) = 10(\ln x)^9 \cdot \frac{1}{x}$

18. $f'(u) = \frac{-2u^2 - 2u + 6}{(u^2 + 3)^2}$

19. $g'(x) = \frac{4 - 2x^2}{(x^2 + 2)^2}$

20. $f'(s) = -\frac{s^2 + 2}{(s^2 + s - 2)^2}$

21. $f'(x) = 2\lambda x - \frac{1}{2\sqrt{x}}$

22. $f'(x) = 15x^2 \cdot e^{5x^3}$

23. $f'(x) = x^3 e^{-x}(x - 4)$

24. $f'(x) = 10(e^x + x^2)^9 \cdot (e^x + 2x)$

25. $f'(x) = \frac{1}{2\sqrt{x}(\sqrt{x} + 1)}$

26. $h'(u) = e^u \left[\ln(u^2 + 2) + \frac{2u}{u^2 + 2}\right]$

Aufgabe 3

1. $x \geq 2$

2. $x \in [-\sqrt{2}; \sqrt{2}]$

3. $x \in [-\sqrt{3}; 0]$ und $x \geq \sqrt{3}$

4. $x \leq -\frac{1}{2} - \frac{1}{2}\sqrt{5}$ und $x \in [0; -\frac{1}{2} + \frac{1}{2}\sqrt{5}]$

5. $x \in (-2; 0]$

6. $x \geq e^{-\frac{1}{3}}$

7. $x \in [e; e^3]$

Aufgabe 4

1. $f(x) = -3x + 4$

2. $f(x) = x - 1$

3. $f(x) = \frac{17}{4}x - 4\frac{3}{4}$

Aufgabe 5

1. $\mathbb{D} = \mathbb{R} \setminus \left\{ 2 \pm \sqrt{3} \right\}$

2. $f'(x) = \frac{3\left(x^2-1\right)}{\left(-x^2+4x-1\right)^2}$

3. $x \leq -1$, $x \in [1; 2+\sqrt{3})$ und $x > 2+\sqrt{3}$

Aufgabe 6

1. $\mathbb{D} = \mathbb{R}$; Nullstellen: $x_1 = 3$, $x_2 = -3$; Maximum: $x_3 = 0$; Minima: $x_4 = -2$, $x_5 = 2$; Wendepunkte: $x_6 = \sqrt{\frac{4}{3}}$, $x_7 = -\sqrt{\frac{4}{3}}$

2. $\mathbb{D} = \mathbb{R}$; Nullstellen: $x_1 = 0$, $x_2 = \sqrt{12}$, $x_3 = -\sqrt{12}$; Maximum: $x_4 = 2$; Minimum: $x_5 = -2$; Wendepunkte: $x_6 = 0$

3. $\mathbb{D} = \mathbb{R}$; Nullstellen: $x_1 = 4$, $x_2 = -2$; Maximum: $x_3 = 0$; Minimum: $x_4 = 4$; Wendepunkte: $x_5 = 2$

4. $\mathbb{D} = \mathbb{R}$; Nullstellen: $x_1 = \frac{3}{2}$, $x_2 = -\frac{3}{2}$; Maximum: $x_3 = \frac{3}{2}$, $x_4 = -\frac{3}{2}$; Minimum: $x_5 = 0$; Wendepunkte: $x_6 = \sqrt{\frac{3}{4}}$, $x_7 = -\sqrt{\frac{3}{4}}$

5. $\mathbb{D} = \mathbb{R}$; Nullstellen: $x_1 = -2$, $x_2 = 0$, $x_3 = 4$; Maximum: $x_4 = -1, 1$; Minimum: $x_5 = 2, 4$; Wendepunkte: $x_6 = \frac{2}{3}$

6. $\mathbb{D} = \mathbb{R}$; Nullstellen: $x_1 = 3$; Minimum: $x_2 = 2$; Wendepunkte: $x_3 = 1$

7. $\mathbb{D} = \mathbb{R}$; Nullstellen: $x_1 = 0$; Maximum: $x_2 = 1$; Minimum: $x_3 = -1$; Wendepunkte: $x_4 = 0$, $x_5 = -\sqrt{3}$, $x_6 = \sqrt{3}$

8. $\mathbb{D} = \mathbb{R} \setminus \{0\}$; Nullstellen: $x_1 = 1$, $x_2 = -1$; Maximum: $x_3 = -\frac{1}{e}$; Minimum: $x_4 = \frac{1}{e}$

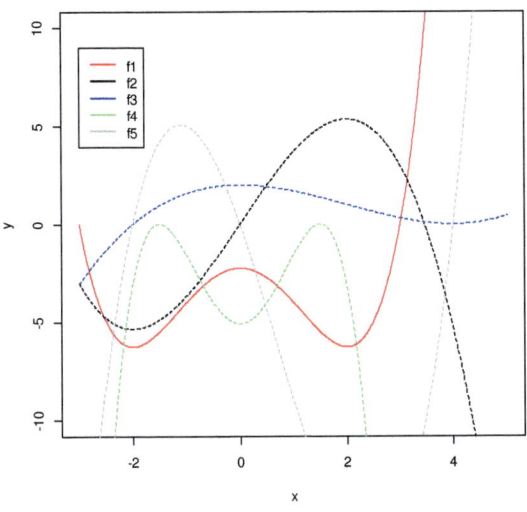

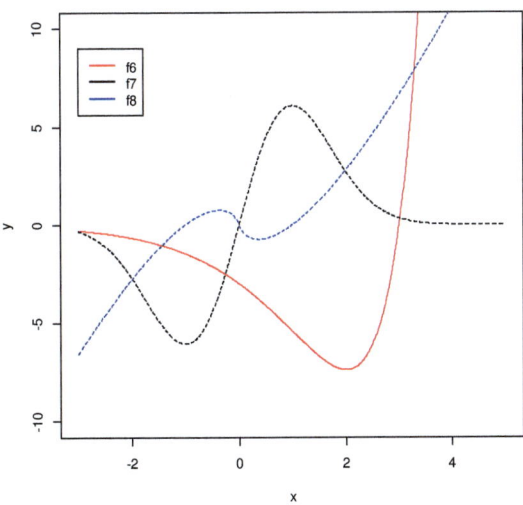

5 Testfragen

Man muss viel gelernt haben, um über das, was man nicht weiß, fragen zu können.

Jean-Jacques Rousseau, französischer Schriftsteller, 1712 - 1778

5.1 Eingangstest

Im Folgenden finden Sie einen Eingangstest zur Überprüfung Ihres mathematischen Grundwissens. Die Aufgaben sind den im Literaturverzeichnis genannten Quellen entnommen. Weitere Tests finden Sie insbesondere bei Knorrenschild (2013). Beachten Sie bitte, dass für den folgenden Test ein Zeitrahmen von 60 Minuten vorgesehen ist, sowie keine (!) weitere Hilfsmittel zugelassen sind.

5.1.1 Aufgabe 1

Fassen Sie so weit wie möglich zusammen:

$$A = 54 \cdot 3^{k-3} + 2 \cdot 3^{k+2} - 24 \cdot 3^{k-1} - 4 \cdot 3^{k+1}$$

5.1.2 Aufgabe 2

Vereinfachen Sie so weit wie möglich:

1. $(a - b)^2 - (a^2 - b^2)$

2. $(1 + a + a^2) \cdot (1 - a)$

3. $\frac{3a^2 - 27}{a - 3}$

4. $\frac{6ax - 4bx}{4ax + 2bx}$

5.1.3 Aufgabe 3

Berechnen Sie:

$$\frac{1 - \frac{1}{2} + \frac{2}{3} - \frac{3}{4}}{5}$$

5.1.4 Aufgabe 4

Lösen Sie für $a > 0$ und $n \in \mathbb{Z}$ nach x auf:

1. $\frac{\left(a^{n-1}\right)^3}{a^{-3}} = a^x$

2. $\frac{a^{n+1}}{a^{n-1}} \cdot \left(\sqrt[4]{\frac{1}{a}}\right)^{-3} = a^x$

3. $2\ln a - \frac{1}{2}\ln \frac{a}{3} = \ln \frac{2}{x}$

5.1.5 Aufgabe 5

Bestimmen Sie alle Lösungen der Gleichung

$$\frac{12}{2x^2 + 2x - 4} = \frac{x}{x + 2} + \frac{2}{2x - 2}$$

5.1.6 Aufgabe 6

Sei lg der Logarithmus zur Basis 10. Bestimmen Sie die Lösung der Gleichung:

$$\lg\left(1000x^5\right) = 9 + \lg\left(x^2\right)$$

5.1.7 Aufgabe 7

Sie haben die Wahl zwischen zwei Handytarifen:

- Tarif A: 16c pro Gespräch plus 12c pro Minute

- Tarif B: 15c pro Minute

Beide Tarife rechnen im Sekundentakt ab. Wie viele Sekunden darf ein Gespräch maximal dauern, damit Tarif B für dieses Gespräch preiswerter oder gleich teuer ist?

5.1.8 Aufgabe 8

Bestimmen Sie die Nullstelle folgender quadratischer Funktion:

$$f(x) = 4x^2 - 6x - 4$$

5.2 Lösungen des Eingangstests

Aufgabe 1

$A = 0$

Aufgabe 2

1. $2b(b - a)$

2. $1 - a^3$

3. $3a + 9$

4. $\frac{3a - 2b}{2a + b}$

Aufgabe 3

$\frac{1}{12}$

Aufgabe 4

1. $x = 3n$

2. $x = 2\frac{3}{4}$

3. $x = \frac{2}{\sqrt{3}} a^{-\frac{3}{2}}$

Aufgabe 5

$x = 2$

Aufgabe 6

$x = 100$

Aufgabe 7

320 Sekunden

Aufgabe 8

$x_1 = 2$ und $x_2 = -\frac{1}{2}$

5.3 Probeklausur

Bitte beachten Sie für Ihre zu bestehende Klausur folgende Hinweise:

1. Vorbereitung:

    a) Beginnen Sie rechtzeitig mit der Prüfungsvorbereitung!

    b) Unterschätzen Sie nicht den Aufwand einer sinnvollen Vorbereitung!

    c) Lernen Sie keine Folien auswendig! Vielmehr sollten Sie Zusammenhänge verstehen und Übungsaufgaben durchrechnen!

    d) Überlegen Sie sich vorher, mit welchen Klausurteilen Sie beginnen, d.h. legen Sie eine Klausurstrategie fest! Hierbei gilt der Grundsatz: Vom Einfachen zum Schweren, d.h. beginnen Sie mit den Inhalten, die Ihnen leicht fallen!

    e) Denken Sie daran, einen zugelassenen Taschenrechner, sowie weitere evtl. zugelassene Hilfsmittel zur Klausur mitzubringen!

2. Klausur:

    a) Gehen Sie im Sinne Ihrer Klausurstrategie vor!

    b) Beschäftigen Sie sich nicht zu lange mit Aufgaben, die Sie nicht bearbeiten können. Es gilt die Faustregel: Investieren Sie pro erreichbaren Punkt eine Minute an Zeit.

    c) Wenn Sie nicht weiter wissen, fahren Sie mit der nächsten Aufgabe fort!

    d) Bleiben Sie ruhig und konzentriert, auch wenn Sie die ein oder andere Aufgabe nicht bearbeiten können!

    e) Lesen Sie die Fragen genau durch und verschenken Sie keine Punkte, nur dadurch, dass Sie Teilfragen überlesen!

    f) Beachten Sie, dass der Rechenweg stets erkennbar sein muss!

Im Folgenden finden Sie eine Probeklausur aus dem Sommersemester 2014 - viel Spaß dabei!

5.3.1 Aufgabe 1 (8 Punkte)

Gegeben sei die Gleichung

$$\frac{3}{2+3x} + \frac{4}{8+x} = 2$$

1. Bestimmen Sie die Definitionsmenge (2 Punkte)!

2. Lösen Sie die Gleichung und geben Sie die Lösungsmenge an (6 Punkte)!

5.3.2 Aufgabe 2 (5 Punkte)

Vereinfachen Sie die folgenden Ausdrücke so weit wie möglich!

1.

$$\frac{1}{3}\log_a(x) - \frac{1}{9}\log_a\left(x^3\right) - 2\log_a(x) - \frac{1}{4}\log_a\left(x^4\right)$$

2.

$$\log_a(u) - \log_{a^2}\left(u^2\right)$$

5.3.3 Aufgabe 3 (5 Punkte)

Lösen Sie das folgende lineare Gleichungssystem bitte graphisch und geben Sie die Lösungsmenge an!

$$-8 + 20x = 8y$$
$$-3x - 10 = -4y$$

5.3.4 Aufgabe 4 (17 Punkte)

Gegeben sei die Funktion

$$f(x) = x \cdot e^{-\frac{1}{2}x^2}$$

1. Zeigen Sie, dass für die erste und zweite Ableitung von $f(x)$ gilt (4 Punkte):

$$f'(x) = e^{-\frac{1}{2}x^2}\left(1 - x^2\right)$$
$$f''(x) = e^{-\frac{1}{2}x^2}\left(x^3 - 3x\right)$$

2. Untersuchen Sie $f(x)$ auf Extremwerte und geben Sie jeweils die x-Koordinate an. Um welche Art von Extremwerten (Maximum oder Minimum) handelt es sich (4 Punkte)?

3. In welchen Bereichen ist $f(x)$ streng monoton steigend bzw. fallend (3 Punkte)?

4. Untersuchen Sie $f(x)$ auf Wendepunkte und geben Sie jeweils die x-Koordinate an (4 Punkte)!

5. In welchen Bereichen ist $f(x)$ konkav bzw. konvex (2 Punkte)?

5.4 Lösungen der Probeklausur

Aufgabe 1

1. $\mathbb{D} = \mathbb{R} \setminus \left\{ -8; -\frac{2}{3} \right\}$

2. $\mathbb{L} = \left\{ -6\frac{1}{6}; 0 \right\}$

Aufgabe 2

1. $-3 \log_a x$

2. 0

Aufgabe 3

$\mathbb{L} = \{ (2; 4) \}$

Aufgabe 4

1. Lösung siehe Angabe

2. Lokales Maximum bei $x_1 = 1$ und lokales Minimum bei $x_2 = -1$

3. f ist streng monoton fallend für alle $x < -1$ bzw. $x > 1$ und streng monoton steigend für $-1 < x < 1$

4. Es existieren drei Wendepunkte bei $x_3 = 0$, $x_4 = \sqrt{3}$ und $x_5 = -\sqrt{3}$

5. f ist konkav in den Bereichen $x < -\sqrt{3}$ sowie $0 < x < \sqrt{3}$ und konvex in den Bereichen $-\sqrt{3} < x < 0$ sowie $x > \sqrt{3}$

6 Literaturempfehlungen

1. Sydsaeter, K.; Hammond, P. (2018): Mathematik für Wirtschaftswissenschaftler: Basiswissen mit Praxisbezug, Pearson Verlag, 5. Auflage, München

2. Wendler, T.; Tippe, U. (2013): Übungsbuch Mathematik für Wirtschaftswissenschaftler, Springer Verlag, Berlin

3. Klein, R. (2004): Mathematik für Ökonomen, Vorkurs Mathematik, Universität Augsburg

4. Schwarze, J. (2015): Mathematik für Wirtschaftswissenschaftler, NWB Verlag, 14. Auflage, Herne

5. Terveer, I. (2013): Mathematik für Wirtschaftswissenschaften, UTB Verlag, 3. Auflage, Konstanz

6. De Jong, T. (2012): Analysis, Pearson Verlag, München

7. Kirsch, S., Führer, C. (2014): Wirtschaftsmathematik, NWB Verlag, 4. Auflage, Herne

8. Knorrenschild, M. (2013): Vorkurs Mathematik - ein Übungsbuch für Fachhochschulen, Hanser Verlag, 4. aktualisierte Auflage, München